环境工程与能源技术开发

胡素霞　余　江　张东飞　著

吉林科学技术出版社

图书在版编目（CIP）数据

环境工程与能源技术开发 / 胡素霞, 余江, 张东飞
著 . -- 长春 : 吉林科学技术出版社 , 2022.5
ISBN 978-7-5578-9275-3

Ⅰ . ①环… Ⅱ . ①胡… ②余… ③张… Ⅲ . ①环境工
程学②能源—技术开发 Ⅳ . ① X5 ② TK01

中国版本图书馆 CIP 数据核字 (2022) 第 072852 号

环境工程与能源技术开发

著　胡素霞　余　江　张东飞
出 版 人　宛　霞
责任编辑　李玉铃
封面设计　姜乐瑶
制　版　姜乐瑶
幅面尺寸　170mm×240mm　　1/16
字　数　120 千字
页　数　114
印　张　7.25
印　数　1-1500 册
版　次　2022 年 5 月第 1 版
印　次　2023 年 3 月第 1 次印刷

出　版　吉林科学技术出版社
发　行　吉林科学技术出版社
地　址　长春市净月区福祉大路 5788 号
邮　编　130118
发行部电话 / 传真　0431-81629529　81629530　81629531
　　　　　　　　　　81629532　81629533　81629534
储运部电话　0431-86059116
编辑部电话　0431-81629518
印　刷　三河市嵩川印刷有限公司

书　号　ISBN 978-7-5578-9275-3
定　价　38.00 元

前 言

环境的保护、环境的修复治理、生态的恢复和环境生态工程的建设是今后环境可持续发展的重要方面。环境生态工程的最大特点就是尽可能地促使环境资源及物质在生产系统内部合理、有效的循环利用，降低人类生产、生活活动对环境造成的污染及破坏，同时提高系统的生产效率和效益。在传统的工业、农业发展模式下的环境末端治理技术不能解决由人类自身所造成的生物与环境不协调的问题。因此，环境生态工程必须注重合理地利用资源、维护生物与环境的关系及生态系统功能，同时又能推动当地经济的高速发展与环境、生态系统的协同进化，促进经济、人类社会同环境之间的可持续发展。

实现环境的可持续发展，必须具有可持续发展的能源，面向21世纪，开发替代化石燃料的新能源是迫在眉睫的大事。作为21世纪的新能源，需具有哪些条件呢？笔者认为，其基本条件有四个：一是可持续的永久性能源；二是不给土地增加负荷的能源；三是生产量达到供应人均年间1.5～2.5kg（按石油换算）程度的能源；四是价格上幅度超过现代化石燃料的价格。连续再生成为21世纪能源的一个必要条件。

本书首先介绍了环境工程、能源开发的基本知识；然后详细阐述了水污染治理技术与地热能开发利用技术，以适应环境工程与能源技术开发的发展现状和趋势。

本书突出了基本概念与基本原理，在写作时尝试多方面知识的融会贯通，注重知识层次递进，同时注重理论与实践的结合。

由于作者水平有限，资料积累和经验不足，难免文字词及组织结构上有不妥之处，敬请读者斧正。

目　录

第一章　环境生态工程设计及管理

第一节　环境生态工程设计原理

一、环境生态工程设计的概念

环境生态工程设计是从生态、环境与区域经济发展的视角，利用环境学和生态学基本原理，通过人工设计的生态工程措施来达到环境保护或生态保护的目的。环境生态工程设计根据其工程实施的对象，可分为污水处理、城市垃圾处理、湖泊或水源地治理的生态工程设计。

环境生态工程设计通过研究环境与生物之间的相互关系，污染物在生态系统中迁移、转化、积累的规律，从而确定环境对污染物的负荷能力，预测环境质量的变化，并与其他学科相互渗透，采用各种工程措施，改善生存环境的质量和生态环境资源状况，既包括对原有自然生态环境的保护与改善，也包括人们在生产、生活过程中对环境污染的治理等。其特点是把某个区域作为一个生态系统，综合考虑系统的结构和功能，因势利导，恢复、改进生态环境系统中失调的环节。

环境生态工程的设计和实施需要按照整体、协调、自生、循环、因地制宜的原理，以生态系统自我组织、自我调节功能为基础，充分利用自然生态系统的自有功能，其内容重在污染物的处理与利用。环境生态工程的目的是将生物群落内不同物种共生、物质与能量多级利用、环境自净和物质循环再生等原理与系统工程的优化方法相结合，达到资源多层次和循环利用的目的，并根据生态工程实施的地方自然条件、社会条件和经济条件，优化组合各种技术，使之成为一个有机系统，达到多层次、多目标的分级利用物质，促进良性循环，兼顾经济效益、生态效益和社会效益。其内容包括开发、设计、建立和维持新的人工生态系统；污水处理、矿区污染治理及废弃物的回收、海岸的保护；生态修复、物种多样性的保护等功能。

二、环境生态工程设计的重要性

（一）合理的环境生态工程设计是预防和解决环境问题的关键

随着经济社会发展，环境污染成为摆在人类面前亟待解决的主要问题，其不仅会对我国经济的发展产生一定的影响，而且还会影响人类的身体健康。要想从根本上预防和解决环境污染问题，就需要做好环境工程设计工作，科学合理的规划工程建设，让人类从根本上意识到环境保护的重要性。

（二）环境生态工程设计可以确保工程建设的进度和质量

在进行工程建设施工过程中，环境污染的治理是一项非常复杂的工作，其需要开展大规模的工程建设，只有这样才能确保工程建设的进度和质量。对于环境污染治理的企业，开展环境生态工程设计可以使他们从根本上避免或减少对环境造成的污染，并不断改进和完善环境治理市场，培养企业污染环境的风险意识，为企业的发展提供一定的引导。环境工程设计的科学性、合理性可以有效推动环境污染治理企业发展壮大，优化环境污染治理技术。

（三）环境生态工程设计的特点

俗话说"谈设计离不开工程"，环境生态工程设计具有其自身较为独特的特点，主要表现在以下两个方面：

（1）环境生态工程设计涉及的范围不同，导致其设计内容存在较大的差异。通常情况下，环境生态工程设计的对象包括废水、废气及废固体等。当水处理专业技术人员被调到废气处理时，会产生一定的不适感，导致工作无从下手。所以环境工程设计不仅要求设计人员掌握广泛的专业知识，而且还要不断更新自己的知识储备，以更好地适应时代发展需求。

（2）自始至终环境工程设计都需要围绕环境这个概念，侧重于社会效益，因为经济效益一般是无法进行有效衡量的。无论新建项目，还是老厂改造、旧项目扩建，都需要较高的环境工程投资费用。同时，在改建工程、扩建工程中，环境工程设计要保证不会对原来主体工程造成损坏，不会影响工程的正常使用。此时就需要环境工程设计人员对各个环节的设计、规划进行详细缜密的考虑，以确保环境工程的顺利施工。

三、环境生态工程设计现状及存在的问题

随着环境问题的日益突出，环境生态工程备受关注，环境工程近年来获得了飞速的发展，在治理污染、保护环境方面起了重要作用，一定程度上改善了生态环境。环境生态工程的开展离不开环境生态工程设计，环境生态工程的类型是多种多样的，不同类型的环境生态工程需要不同的环境生态工程设计，而且差异非常明显。随着环保意识的增强，不少企业主也认识到环境工程的重要性，环境生态工程近年来得到广泛开展，但是在工程建设中，因为设计不合理而出现种种问题，影响着工程的顺利开展。

（一）对环境生态工程认识存在误区，环境污染治理得不到重视

随着环境问题的日益显露，人们的环保意识不断提高，但是对环境生态工程还缺乏一定的了解，存在一些认识误区，环境治理得不到足够的重视。通过走访调查发现，不少企业主认为环境工程需要足够的资金投入，但是并不能带来相应的经济利益，属于投入大回报小的项目。这些企业主对环境工程存在认识误区，没有了解环境工程的重要性，在实际改造中，对环境工程没有给予足够的重视，使环境污染得不到有效的治理。

（二）环境生态工程对象具有较大的差异性，环境工程设计十分复杂

环境污染有水污染、大气污染、固体污染、土壤污染等多种类型，这些污染严重影响人们的日常生活和身体健康。环境工程除了防污染工作外，还包括污染治理，由于环境污染问题多种多样，环境生态工程对象也十分复杂，而且水污染治理方法和土壤污染治理方法存在较大的区别，增加了环境生态工程设计难度，所以在环境生态工程设计中要充分考虑这些因素。此外，不同的地理位置和气候

条件也会使环境工程设计方案千差万别，没有一套标准的方案能够使用于每一处的环境治理。随着工业的不断发展，还会出现许多新的污染源，增加了环境生态工程设计的难度和复杂度，使环境生态工程的价值难以实现。

（三）环境生态工程人员素质不高，缺乏专业环境工程设计人才

环境生态工程作为一种新兴的行业，虽然近年来在我国获得了飞速的发展，但是相对于一些发达国家起步还是比较晚的，尚处于初级发展阶段，而相应的专业人才还是比较缺乏的，尤其是在环境工程设计方面的专业人才更加匮乏，难以满足环境工程行业发展的要求。由于环境工程的多样性和复杂性，环境工程设计方案也必须"具体问题具体分析"，这对环境生态工程设计人员提出了较高的要求，当前的环境生态工程人员素质不高，环境生态工程设计人员素质有待提升。

（四）环境生态工程设计的发展前景

（1）随着我国城市化进程的不断加快，城市的发展得到了很大程度的改善，并且在某种程度上促进了我国经济的发展。建筑行业在不断发展的过程中，同时给社会也带来了一定的不利影响，尤其是对于环境方面的影响。因工程施工对生态环境的平衡造成的破坏，周围的环境也受到了一定的影响。面对这种现象，开展环境工程设计工作显得非常重要。为了确保环境工程设计工作顺利开展，就需要加强环境的治理工作。即便我国的环境工程设计工作存在很多的问题，但是同样带动着我国经济的发展。尤其是在国家实施了相关的政策之后，环境设计工作面临的挑战更大。我国不断加强的环保意识，使得环境工程中存在的很多不合理现象逐渐减少，因此，市场结构也应该不断加以优化，以此来推动我国生态化以及市场经济的不断发展。

（2）对环境生态工程设计体制不断加以完善。目前，我国环境生态工程的体系仍然有待完善，环境工程设计工作缺乏一定的约束，环境保护工作在质量以及进度方面存在一定的问题。面对我国环境生态工程的实际情况，需要制定出对应的政策，并且要不断顺应变化的市场环境，确保环境生态工程的内部体制更加规范化、科学化。

四、环境生态工程设计的原则

环境生态工程是人工设计的一个生物群落、一个生态系统或一个更为宏观的地域性的生态空间，以生物种群为主要结构成分，人为参与调控，并实现一定功能的环境治理、修复工程。因此在设计与实施上，需要遵循下面的原则：

（一）因地制宜原则

因地制宜原则是指紧紧围绕当地的生态环境和社会经济的具体情况，进行环境生态工程的设计。环境生态工程基础是生态环境系统的运行，而生物的生存与繁衍，受到其所处的生态环境的制约，也受到当地生物资源的影响。地球上的自然资源有再生资源（如水、森林、动物等）和不可再生资源（如石油、煤等）。要实现人类生存环境的可持续发展，必须对不可再生资源合理、节约地使用，即使是可再生资源，其再生能力也是有限的，且再生过程需要花费一定的时间，因此工程实施过程中，对所在地具体的自然资源特征需要进行充分考虑。对所处环境能源的高效利用和对资源的充分利用和循环使用，减少各种资源的消耗。当地气候条件，对物种的选择也很重要。例如在我国亚热带、暖温带，曾以凤眼莲为主的生态工程来处理与利用污水，获得显著的生态效益、经济效益和社会效益，但凤眼莲生长需要在15℃以上的环境，同时需要较长时间的光照，因此在我国北方地区，就不宜选用凤眼莲作为污水处理的主要物种，可以用种植芹菜、黑麦草等植物，来吸收水体当中的氮、磷等。

操作人员的经验和素质以及工程实施地的经济水平是非常重要的。在设计过程中，必须根据当地的管理水平和社会要求，提出适合当地经济水平的生态工程设计的类型。环境生态工程由于需要投入大量的人力、物力与财力，因此在设计初期，必须对其产品的市场情况进行调查和对比分析，以确定生态工程的目标产品和辅助产品类型。传统的环境生态工程，其最主要的问题是不以经济效益为目的。这类工程虽然达到了环境治理的目的，但有的项目往往由于系统的运转需要持续性的经济支持，过重的经济负担使它们不能正常工作，甚至被迫中止。所以在环境生态工程的设计当中，必须在考虑到环境效益的前提下，又要顾及当地的实际经济水平，使系统在经济收支方面至少要达到平衡。

（二）整体性原则

环境生态工程研究与处理的对象是作为有机整体的"社会——经济——自然"复合生态系统，或由异质性生态系统组成的，比生态系统更高层次的景观。它们是其中生存的各种生物有机体和非生物的物理、化学成分相互联系、相互作用、相生相克、互为因果地组成的一个网络系统。生态工程在设计上必须以整体观为指导，在系统水平上来研究，并以整体控制为处理手段。

因此，在研究设计建立一个环境生态工程的过程中，必须在整体观指导下统筹兼顾。一个生态系统在自然和经济发展中往往有多重的功能，各种功能的主次和大小常因地、因时而异。应按自然、经济和社会的情况和要求，确定其主次功能，在保障与发挥主功能的同时，兼顾其他功能，统一协调与维护当前与长远、局部与整体、开发利用与环境和自然资源保护之间的和谐关系，以保障生态平衡和生态系统的相对稳定性，防止片面追求当前的局部利益而产生一些不利于可持续发展的问题。

（三）科学定量原则

由于环境生态工程目标的多样化，在经济上需要高效益，且能实现环境治理的目的，所以必须进行严谨的科学量化。无论是为了哪一种目标所设计的工艺流程，都需要细致地分析设计过程中物质、能量与货币的流动，同时要分析信息流的情况。一个工程可以由若干个组分或亚系统所构成，对每个亚系统可以不了解内部详细的过程，既可以采用"黑箱"来处理，但亚系统的总输入与总输出结果必须清楚，这样才能考察工程的效果。此外，环境生态工程还需要考察工程净化环境的能力以及治理环境的效应。净化能力以污染减轻的程度为准，或以未曾受污染的环境本底值为准，污染减轻的程度越大，其环境效益也越高。环境生态工程最后要走向废物的充分利用，不但要计算它们的直接经济效益，还要计算宏观的社会经济效益和生态环境效益。

五、环境生态工程设计的路线

（一）明确目标

环境生态工程的对象是"社会——经济——自然"复合生态系统，是由相互促进而又相互制约的三个系统构成。任何环境生态工程必须重视复合系统的整体协调的目标，即环境是否被保护；经济条件是否有利；社会系统是否有效等，并据此确定相应的目标。

（二）背景调查

因地制宜是环境生态工程顺利实施的前提条件，只有正确了解和掌握当地的社会、经济和环境条件，才能充分发挥和挖掘当地的潜力，实现预先设定的目标。

背景调查要包括以下两个方面：

1.当地的自然资源条件

包括生物资源、土地资源、矿产资源和水资源等。在有充足的土地资源和水资源的地区，但生物资源和矿产资源严重不足，在该地区的工程实施就需要增加生物资源的量，或引种新的经济品种，或开发该地区已经存在的，但资源量比较少的生物品种。相反的，在生物资源比较丰富的热带地区，土地资源相对不足，需要在环境生态工程的设计上寻找突破点。

2.生态环境情况

当地的生态环境情况是工程实施的依据，其最重要的目标是生态环境的治理，因此生态工程的基础是生态系统，生态系统的中心是生物种群，而生物种群的存活、繁殖和生长均受到生态环境条件的制约。

（三）系统分析

在背景调查的基础上，对生态系统进行系统分析，也是环境生态工程规划与设计的基础性工作，其主要内容有以下三点：

（1）明确环境系统所包含的资源数量、质量及其时空分布特性，做出定性和定量的分析和评价，确定资源的开发利用价值和合理利用限度。

（2）分析环境对系统的约束因素和程度，特别是不利影响和障碍因子及其作用的大小，确定约束的临界值或极值等，预测环境的发展变化，特别是人类活动对于环境产生的积极和消极影响，如对环境污染及破坏的分析和趋势预测，寻求趋利避害，利用和保护相结合的环境政策和对策。

（3）找出造成系统现实状态功能和理想状态功能之间差距及其原因，提出要解决的关键问题和问题的范围，初步提出系统的发展方向和目标。

（四）工程建设与运行

在系统分析的基础上，通过对各子系统及其相应关系进行必要的调整，并对局部进行改造，以协调系统内各子系统之间的关系，系统与环境之间的关系，以及系统各发展阶段之间的关系，以便最终实现设计目标。

（五）工程的更新

环境生态工程的更新包括了两个方面的含义：第一，系统由有序向更高级有序状态过渡，即根据生态工程系统演替的客观规律和发展要求，促进生态系统的更新，使新的生态系统较原有系统具有更稳定的结构与生产力；第二，根据社会日益深化的环境意识和不断提高的环境质量标准，不断调整环境生态工程系统对污染物的同化范围与水平，这也是环境生态工程优于常规环境污染治理措施的又一重要特征。

六、环境生态工程的主要方法

（一）利用生态系统的自净能力消除污染

正常的生态系统，具有一定的自净能力。如果进入环境的污染物未超过生态系统的自净能力，则生态系统可以经过自净作用消除污染物，使被污染的环境逐渐恢复正常，生态系统得以稳定平衡地发展。相反，污染物进入环境的数量超过了生态系统的自净能力，则会导致环境恶化，生态平衡破坏。

在利用生态系统消除污染的时候，需要明确环境容量的概念。在人类生存和自然生态不受影响和危害的前提下，一定范围内某一环境要素中某污染物的最大容纳量，也可以说是在污染物浓度不超过环境基准（或标准）的前提下，一定地区污染物的最大容纳量，称为该地区对某污染物的环境容量。环境容量的研究和确定为污染的综合防治、污染负荷定量控制提供了科学依据。所谓定量控制是指一定时期一定地区内，在综合考虑经济、技术、社会等条件的基础上，通过向污染源分配污染物排放量的形式，将全区的排放量控制在环境质量允许的浓度范围内。

（二）人工湿地对污水的处理

1.人工湿地的组成和污水处理机理

跟天然湿地相比较来说，人工湿地同样拥有透水性的基质和能够在饱和水、厌氧基质中成长的植物，从成分上比较，天然湿地跟人工湿地的区别不大。人工湿地中包含的基质主要是为其中的植物来提供养分支持，同时还能够为湿地周围的微生物提供一定的附着场所，人工湿地需要具备强大的稳定性和吸附能力，才能够为污水处理做好准备。

人工湿地在选择其中的植物时，要选择容易管理、容易生长、抗污能力比较强的植物，能够更好地提升人工湿地的利用效率，同时还能够为湿地中微生物的生长提供良好的环境。植入植物之后，污水会在基质中流动，从而为植物的生长提供营养，同时植物在不断地吸收污水中的各种物质，起到污水净化的效果。湿地的污水净化功能，就是利用系统中的基质、水生生物等协同进行工作，通过机智的过滤、水生植物的吸附和沉淀起到污水净化功能。

2.人工湿地的特点

人工湿地的污水处理系统跟传统的污水处理厂建设相比，建设费用和运转费用都相对较低，同时污水处理效果更好，综合利用价值比较高，因此我国正在不断加强人工湿地污水处理技术的研究和开发。据调查显示人工湿地污水处理系统的建设成本是污水处理厂建设成本的十分之一。人工湿地还具备强大的生物修复能力，能够在保护水资源的同时净化水资源，还能够利用污水净化来调节气候，吸收二氧化硫和氮氧化物等有害气体，比污水处理厂更加具有利用价值。需要注意的是人工湿地污水处理系统容易受到周围环境和气候的影响，因为人工湿地中植物是重要的组成部分，但是植物的生长周期跟环境和气候是有密切联系的，因此一旦周围环境出现问题，会直接影响人工湿地中的植物生长，从而导致污水处理功能的下降。

（三）人工湿地污水处理技术应用

1.人工湿地污水处理应用优势

人工湿地的污水处理系统利用了大自然中原本就具备的东西，因此生产和建设成本都比较低，并且后期的维护和保养工作比较简单。通过调查显示，人工湿地的污水处理系统建设成本是传统污水处理厂建设成本的十分之一，所以在成本建设上，人工湿地污水处理系统能够有效降低建设成本，提升经济效益。人工湿地是由人工基质组成的，其中的人工基质选项非常多，可以利用石灰石、土壤甚至是细沙等进行填充，不同的填充物也具备了不同的净水能力，可以根据情况有针对性地进行选择。

人工污水处理系统的重要成分是水生植物，水生植物包含有灯芯草、浮萍、芦苇等，对于污水中的无机物、磷还有氮都有很好的吸附和净化作用。人工湿地污水处理系统能够有效地净化污水中的农药和重金属含量，除污能力较强。而传统的污水处理方式比较单一，功能也比较单一，往往只能够针对污水中的其中一种或者是两种物质进行去除。因此，大规模地建立人工湿地，能够有效扩大我国的绿地面积，美化城市生态环境，同时还能够起到较好的污水净化作用，提升社会和生态的稳定发展。

2.人工湿地污水处理技术应用不足

跟传统的污水处理技术相比，人工湿地污水处理技术存在很大的优势，但是也存在一定的不足。比如说人工湿地的污水处理技术比较特殊，容易受气候条件的影响，在冬天的时候，人工湿地中的美人蕉热带水生植物难以生长，植物的生长衰弱会直接影响人工湿地污水系统的净化功能。人工湿地污水处理系统中，只有填料的空间比较大，污水处理的淤积情况才能够有效降低。

想要建设一个完善的人工湿地污水处理系统，需要具备大于传统污水处理厂2至3倍的建设区域，城市内部的土地资源有限，而我国的人工湿地污水处理系统大部分都是建设在城市的郊区地带、人工湿地污水处理系统容易受到水流时间的影响。例如说水流时间越长，那么污水的净化效果就越好。水体中包含有有机物、重金属和悬浮物等污染物质，若长时间存在同一个区域内，容易造成微生物的繁殖，如果维护工作不到位，容易导致净污系统出现淤积的现象，水体的传导性被降低，导致污水处理效果越来越差。

（四）氧化塘对污水的处理

氧化塘又称稳定塘或生物塘。它是利用库塘等水生生态系统对污水的净化作用，进行污水治理和利用的生物工程措施。氧化塘的基本原理是生物降解。当废水进入塘后，可沉淀的固体沉至塘底，其中有机物进行厌氧分解产生的沼气逸出水面，二氧化碳、氨等溶解于水中。溶解或悬浮于水中的有机物经微生物作用进行有氧分解，同时释放的氨和二氧化碳溶解于水中，供水中藻类繁殖。藻类进行光合作用放出的氧气供微生物分解有机物。氧化塘由于基建、运行，管理费用低廉、节能、操作简易、性能稳定可靠，具有高效的去除能力，即不仅能去除生物易降解的有机物，还能有效地去除氮、磷等营养物质、病原菌、病毒和难降解的有机物，再通过种植水生植物，养鱼、虾、贝、鹅等，实现污水资源化。

（五）固体废弃物处理技术

经济的快速发展虽然改善了人们的生活品质，但也加剧了固体废弃物的产生量，并且固体废弃物的种类不断增加，若不及时处理这些废物，可能会对人体产生一定的危害。当前国家对固体废弃物处理给予了高度重视，并投入了充足的资金用于处理技术研发和保障处理工作。然而固体废弃物处理时具有土地占用量大的特征，若是所应用的处理方式不当，会破坏与污染生态环境，因此提高固体废弃物处理技术很重要。

固体废弃物是一种比废水或废气所产生的环境污染广度更高的物质，由多种不同的污染物组合而成的。自然环境下，固体废弃物中的有害成分会向大气中渗入，也会淋溶至水体或土壤当中，其会成为参与生态系统循环的物质，会长期潜伏在环境当中，从而对生态环境产生破坏。目前，世界各国均将固体废弃物的处理作为保护生态环境的重要举措。

1.固体废弃物的类别划分

城市固体废弃物可划分为多个不同类别，分别是工业固体废弃物、生活垃圾、危害废弃物三种，这些固体废弃物的来源各不相同。

2.固体废弃物处理的常用技术分析

（1）焚烧处理技术。固体废弃物处理可通过焚烧在高温状态下将之分解，或使之得到深层次的氧化，从而实现固体废弃物中有害物质向无害物质的转化。焚烧处理技术的应用有利于处理效率的提高，并且无须占用大量土地。但焚烧时会产生较多的烟尘及有害气体，会导致大气环境遭到再次污染。

（2）堆肥处理技术。堆肥处理固体废弃物的主要原理是利用微生物进行发酵，在此过程中可通过分解将固体废弃物当中具有毒性的物质转化为无毒物质。通常生活垃圾处理时会利用此技术，这是因为生活垃圾当中的有机物含量较多，可通过堆肥获取到更多可在农业生产中二次利用的肥料。温度适宜状态下，堆肥处理时会加快微生物的生长，从而建立一个反馈系统。微生物当中嗜热性及中温性微生物的存在均对堆肥效率的提高具有一定助益。目前，我国堆肥处理技术尚未建立起健全的体系，存在部分塑料物质分解不够完全的问题，这是未来此技术优化的主要方向。

（3）压实处理技术。通常固体废弃物的存放会占用一定的土地资源，可利用压实处理技术对其进行减容处理，可通过固体废弃物体积的缩小减少其运输费用，也可使垃圾填埋场的使用寿命得以延长。此技术通常主要应用于汽车或其他较为松散的废物处理当中。

（4）破碎处理技术。堆肥或焚烧处理时，体型过大的固体废弃物处理效率会大大降低，因而需要通过挤压、冲击或剪切等方式将之破碎成体积较小的固体废弃物再进行处理。此外，也可利用低温、摩擦或是湿式处理等方式进行破碎。此种方法可降低固体废弃物的体积，消除固体废弃物之间的空隙，缩小其尺寸、增强其质地的均匀性，使堆肥处理、焚烧处理过程更加顺畅与高效。

（5）分选处理技术。此技术是指针对固体废弃物进行挑选，分离有害物质，二次利用有价值物质，从而降低固体废弃物的产生量，将固体废弃物转化为可利用资源。分选处理技术是指根据物料性质的不同而采取差异化的分离方式，可采用粒度尺寸差异进行废弃物的分离，也可采用磁力分选法将具有磁性的废弃物将之从无磁性废弃物中分离出来。分选工作开展中，可用手工拣选方式，也可采取重力分选法，除此之外，还有光学分选法及涡电流分选法等现代化分选方式。

3.新型固体废弃物处理技术分析

（1）热解处理技术。此技术适于在无氧或低氧状态下通过加热蒸馏的方式使有机物在高温状态下得到分解，再经过冷凝处理使之转化为气体、液体或是新的固体，再对这些物质进行提取处理，得到可利用的气体、液态油或固体燃料。相较于焚烧处理技术而言，其污染性较小，不会产生大量残渣，且可使固体废弃物的体积缩小，且处理时具有固定重金属和硫元素的作用，可降低其在环境中的转移率，以此减少对人体健康产生的危害。

（2）微生物处理技术。此种固体废弃物处理技术是指通过微生物的自身代谢功能进行固体废弃物的分解，从而消除其中的有害物质，化有害为无害。如可养殖蚯蚓，用之处理固体废弃物，通常蚯蚓的日垃圾吞食量为其体重的300%，且蚯蚓排出粪便利于将固体废弃物转化为利于农业生产的生物肥料。除此之外，国外还通过蟑螂进行固体废弃物的分解，也可将之转化为有机肥料。采用此种处理方式所产生的处理成本相对较低，并且环保性较强，因而微生物处理技术可广泛应用。

（3）资源化处理技术。固体废弃物并不是完全无价值的，可采用资源化处理技术将其中有价值的成分转化为可再次利用的资源。此种方式既可降低对环境的污染与破坏，也可产生一定的经济收益。资源化处理技术是常用于建筑垃圾处理中的一项技术措施，此技术的应用率较高，可在固体废弃物中添加适量的生化制剂及配物料，通过搅拌使这些物质产生生化反应，再采用注模成型的方式，将废弃建筑垃圾转化为可利用的复合建筑材料。资源化处理时通常不会产生废水或废渣，并且技术经济性较强。

第二节　环境生态系统管理与生态规划

一、生态系统管理的定义

由于生态环境急剧恶化，社会发展受到极大限制，生态系统的思维方式、管理模式要进行改变，即由传统的资源管理模式向生态系统管理模式转变，在此背景下，环境生态管理得以产生。生态系统管理要求融合生态学、经济学、社会学和管理学的知识，把人类和社会价值整合进生态系统。生态系统管理的对象是一定空间范围内一个集合体中所有生物体和非生物体及其生态过程所组成的整体，是一个由自然生态系统和社会系统耦合的复合生态系统；生态系统管理的目标是维持生态系统组成、结构、功能和过程的整体性、多样性和持续性，维持生态系统的健康和生产力，更好地提供生态系统产品和服务。生态系统管理的时空尺度应与管理目标相适应；生态系统管理要求生态学家、社会经济学家和政府官员通力合作；生态系统管理要求通过生态学研究和生态系统监测，不断深化对生态系统的认识，并据此及时调整管理策略，以保证生态系统功能的实现。

二、生态系统管理的原则

（一）生态系统整体保护原则的主要内容

生态系统管理本身就带有很强的整体保护的内涵。作为生态系统管理的首要原则，具有很强的代表性，同时也是生态系统管理原则中要求最高的原则。生态系统管理原则要求我们必须用整体的眼光去看待生态系统的整体保护，需要顾全生态系统的各个方面，因为它们本来就是一个整体。

环境法的原则是在进入20世纪90年代后期之后才加进综合生态管理这一项的，我们亦可以将其称之为生态系统整体保护原则。其主要强调了环境保护的整体性、功能良好性以及生态结构的合理性。用统筹管理的视角将整个生态系统看成一个有机、完整的整体，其主要内涵是将分别管理和综合管理相结合，同时这也是生态系统整体保护的应有之义。在环境法的范畴内，贯彻生态系统保护和对自然资源的合理开发俨然已经成为环境法所规定的法定义务。

1.协调生态系统各要素之间的分别管理

从字面意义上看，生态系统的分别管理和整体保护是相冲突的，但是实际上它们的关系是辩证统一的，它们是整体和部分的关系，部分的良好发挥，有利于整体的发展。生态系统整体保护与生态系统的分别管理本质上未有冲突，分别管理好了，必然有利于生态系统的整体效果的发挥。生态系统的整体保护原则也要求分别管理的协调性，而不是将分别管理的各个部分分开来管理。生态系统中的各个要素应该是互相交叉和互相衔接的，通过不同措施对整个系统各个方面的管理，从而使各个要素之间高效畅通地实现信息共享。这些就要求了环境资源科学合理管理的重要性。环境要素通过分别合理的管理达到资源的优化配置本身就是环境资源系统生态管理的应有之义。管理方法的选择需要具体问题具体分析地来看待，当管理方法可以采取综合管理的时候，我们一般不会选择分别管理，只有在我们必须选择分别管理的时候我们才将分别管理优先考虑。

2.加强生态环境系统各要素的综合管理

第一，环境影响评价制度的使用。即这些与生态环境相关主体，其行为在作用于环境规划时就应当按照程序要求对这一行为行为做出系统的、全面的评估，确保自己的行为不会对整个生态系统产生消极影响，同时对自己行为所产生的不利后果有一定的预警意识和减缓负面效果的措施。全面地、系统地对任何可能影响生态环境系统稳定的行为进行全方位的评价。第二，从微观的角度来看待环境要素问题。如果某一环境要素对整体环境要素产生一些不利影响，补救措施绝不可以采取"头痛医头，脚痛医脚"的方式，而是应该从生态系统整体的角度出发。比如，雾霾问题比较严重，解决措施绝不可能针对雾霾本身，而是应该针对一切与产生雾霾有联系的环境要素，实行联防联控的机制，同时还需要兼顾解决因为雾霾问题所导致的相关环境污染问题。

（二）生态系统整体保护原则的具体运用

把生态系统管理的理念运用到生态系统开发者的具体行为中去，这才是建立生态系统保护原则的现实意义。这一原则的有效运用，在环境法中主要通过环境立法及执法等来表达和实现。

1.行政执法机构应具有综合性特征

贯彻实施生态系统整体保护原则的第一位要求就是建立具有综合性特征的环境执法机构，同时执法机构应当具有合理性和科学性等特征。所谓环境执法机构的综合性特征，主要是指为了确保生态系统的可持续利用和可持续发展，环境执法者必须建立一套跨越行业、区域和部门的综合执法框架。只有这样才可以达到环境资源的最佳利用效果，同时也是实现经济发展、环境水平和人类生活质量提升等多元惠益的途径。它要求在保护生态平衡、土地退化防治和大气污染预防等多方面整体考虑，它更要求在制定生态保护、国家土地退化防治规划的时候，从生态环境的整体性上去综合考虑各个因素间的相互联系，将跨部门参与方式运用到自然资源管理的计划和实施中去，以优化资源和资金配置、创新管理体制、完善运行机制，进而从根本上保护生态环境、防治土地退化。但是在实际操作中，环境行政执法机构存在很多问题，我国环境执法机构有多少管理事项，就设立了多少管理机构。在环境行政执法机构管辖问题上，出现了很有标志性的多头管理现象。对于有利益的执法，则很多部门一拥而上，而对于没有利益或者比较麻烦的行为，则没有部门愿意管，各部门互相推卸责任。在这些政府部门中，机构设置和职权配置存在诸多问题，概括说来主要有：统一监督管理部门与分管部门关系不明晰、管理机构重复设置、缺乏公众对执法部门的执法进行监督的规定以及某些管理职权的设置不符合科学管理规律等。

2.加强环境各要素分别管理的协调性

整理与部分是不可分割的，整体对部分有很大的影响作用，部分发展的好坏也直接影响着整理效能的发挥。环境要素的分别管理有利于发挥各要素的特点，将各要素的特征和有效发挥到最大化。但是如果各要素在发展的同时没有注意到协调，分别管理就变成了"分割管理"，生态系统会因为"分割管理"而使得各要素变得难以协调一致，最终会影响生态环境这一整体的管理。分别管理旨在将各要素通过畅通的信息共享相联系起来，保证生态环境整体的协调和可持续发展。所以说，加强环境各要素的分别管理是必不可少的。建立统一、协调的环境综合管理体制，首先要求各执法管理机关的管理要有法可依、有法必依、执法必严，同时要求它们各尽其职，将环境执法工作统一在综合管理体制之下。

三、环境生态系统管理的步骤

（一）定义可持续的、明确的和可操作的管理目标

生态系统管理以生态系统的可持续性为总体目标，有一系列的具体管理目标，如涉及生态系统的结构、功能和动态的可持续性及其所提供服务的可持续性的一系列目标。这些目标一起构成了一个生态系统可持续性管理的目标体系，但必须要把人类及其价值取向整合到其中。

（二）确定管理的时间尺度和空间尺度

生态系统的管理计划是与其时空尺度密切相关的，涉及的时空尺度不同，管理的措施也不相同。就时间尺度而言，几年和几十年的管理计划是不同的；就空间尺度而言，对一片林地的管理计划与对整个流域森林生态系统的管理计划是不同的。因此，管理尺度的确定是生态系统管理工作中非常重要的一个环节。

（三）生态系统及其服务状况评估

生态系统服务功能是生态系统与生态过程所形成及所维持的人类赖以生存的自然环境条件与效用。它不仅为人类提供了食品、医药及其他生产生活原料，更重要的是维持了人类赖以生存的生命支持系统，维持生命物质的生物地球化学循环与水文循环，维持生物物种与遗传多样性，净化环境，维持大气化学的平衡与稳定。生态系统及其服务功能与人类福祉之间的联系是生态系统评估的核心。以生态系统及其服务变化对人类福祉状况的影响为重点，对生态系统的历史变化、目前状态以及未来的变化趋势进行科学的评估，是制订生态系统管理计划的基础。

（四）分析生态系统及其服务变化的驱动因素

影响生态系统及其服务变化的驱动因素，包括直接驱动因素和间接驱动因素两大类。直接驱动因素包括局部地区的土地利用和土地覆被变化、本地物种绝灭、外来物种入侵、气候变化、森林采伐、采集林副产品、施用化肥及农业灌溉等；间接驱动因素包括人口增长、经济发展、社会体制变革、技术进步以及文化和宗教信仰等。

（五）确定管理计划

根据科学分析，制订出一整套科学、具体、切实可行的生态系统管理计划是生态系统管理工作的核心。该计划应当有具体的目标、各阶段的任务、负责的单位和个人、经费来源和配套的政策和法规等。

（六）实施管理计划

在管理计划制订以后，应当认真实施。在实施过程中，一是应当承认管理计划的权威性，不应当随意改动；二是保证实施管理计划所需要的各种条件，如管理队伍、所需设备等；三是要严格按照管理计划的要求，认真完成管理计划中所规定的各项任务。只有这样，管理计划才不会流于形式，生态系统管理工作才能卓有成效。

（七）监测和研究管理措施的效应及影响

对管理措施引起的生态系统变化进行监测，并研究管理工作和系统变化之间的作用机理，了解管理计划的成效，发现管理计划尚存在的问题，进一步提出改进措施是十分重要的。

（八）对实施管理的生态系统服务进行评价

因为改善生态系统及其服务是实施生态系统管理的核心，因此，在监测和研究管理措施的效应及影响时，特别应当关注对生态系统服务进行评价。任何一项生态系统管理措施都会有正面和负面的影响，所以在这一工作中，特别应当注意这些正负影响的相互关系，对制定的整套管理措施进行综合评价和权衡利弊。

（九）调整管理计划

通过监测和研究管理措施的效应和影响，以及综合评价管理措施对生态系统及其服务可持续发展带来的利弊，坚持或加强对生态系统可持续发展有利的管理措施，改进管理措施中的不足，是完善生态系统管理的重要步骤。

四、生态环境规划

生态环境规划是人类为使生态环境与经济社会协调发展而对自身活动和环境所做的时间和空间的合理安排。它是以社会经济规律、生态规律、地学原理和数学模型方法为指导，研究与把握"社会——经济——自然"复合生态系统在一个较长时间内的发展变化趋势，提出协调社会经济与生态环境相互关系可行性措施的一种科学理论和方法。实质上生态环境规划是一种克服人类经济社会活动和环境保护活动盲目性和主观随意性的科学决策活动。

（一）我国当前生态环境规划存在的问题

1.综合规划实施统筹发挥不足

中长期环境保护战略与综合规划、专项规划、行动计划之间的匹配、协调程度上欠缺，"支强干弱"问题较为突出。在日常管理过程中，各类环保专项规划内容针对性较强、线条相对明确、任务细化清晰、预期效果量化，规划发挥的效果相对较好。而环保综合规划实施较为弱化，综合规划承载内容多，衔接协调时间长，甚至滞后于一些环保专项规划的出台，在对外衔接协调时，呈现"碎片化"的问题。同时，在"多规合一"的形势下，生态环境保护空间规划内容缺乏，话语权弱，难以与国土规划、城市规划等统一平台对话，在不少地方省级专项规划体系中，环保规划的排名是靠后的，难以发挥基础性作用。

2.重编制、轻实施，规划体系尚需完善

由于生态环境保护规划任务覆盖了各个领域、行业，工作责任、规划任务分工不具体，实施任务的部门职责无法真正落实。规划的龙头作用以及带动各部门、各地区齐抓环保的工作，规划合力没有形成。目前不同层级规划上下一般粗，各个层级规划的边界、定位和任务重点不明晰，省级规划"指导有余、操作不足"，市县"操作型"的规划编制力量不足、要求不明确，更没有达到规划方案这一要求。

3.规划技术支撑弱化

目前，我们还没有形成健全的生态环境保护规划编制制度与技术规范体系，生态环境保护规划编制技术标准、导则、规范尚未完善，缺乏统一的理论框架，各种环境规划的理论与理论之间、方法与方法之间、理论与方法之间的衔接性与兼容性差，缺乏对环境规划全过程的认知、分析和解释。实际中环境规划的研究范围，只局限在规划的制定上，至于怎样促使规划实施、用什么手段实施，则很少有这方面的研究。

4.环保治理技术创新能力薄弱

在环境保护整治过程中，各项规划的落实，大多需要上马相应的设施，需要一定的技术支持，特别是创新型的技术提升和指导。目前，我国对于环境保护技术上的创新、开发能力还十分薄弱，环保技术创新能力有待加强，对于不同的污染类型，除了基本的几种方式外，我们并没有个性化成熟的模板，一切都是在摸索中前进，可供选择的模式并不多。

（二）生态环境发展的采取措施

1.以纵向横向发展为尺度，系统构建我国生态环境规划体系

生态环境保护的系统性、整体性特点，决定了生态环境保护需要横向到边、纵向到底，机构改革，赋予生态环境主管部门统筹全地域生态环境保护管理监督的职能，规划体系要按照横向到边、纵向到底，纵横结合两个维度进行设计。横向上，生态环境规划应覆盖所有生态环境保护的内容，覆盖陆地和海洋，覆盖山水林田湖草，覆盖城乡，覆盖所有的排污主体和排污过程，覆盖所有环境介质，覆盖所有的污染物类型，实现生态环境统筹规划、统筹保护、统筹治理、统筹监督。纵向上，改变以往环境规划头重脚轻的局面，建立国家、省、市多层级的生态环境规划体系，国家规划做好顶层设计，统筹制定总体战略、领域和区域生态环境保护目标、重大任务、政策措施体系与重大工程项目。省级规划落实国家要求、明确区域生态环境保护安排。市县级生态环境规划以具体实施为主要目标。明确规划编制、实施关系，强化国家对省级规划的指导和备案。

2.以生态环境质量为核心，强化生态环境规划实施

生态环境规划应强化区域和空间属性，厘清生态空间、生态保护红线与基本生态控制线的关系，系统确定全国和重点区域的生态环境保护的基础框架，确定分区域、分领域、分类型的生态环境属性、突出生态环境与分阶段目标与战略任务，建立以改善生态环境质量为核心，以空间管控为抓手，形成生态环境规划的全国战略框架和重点区域、重点流域、重点领域、重大政策相结合的规划体系。建立以生态调节功能为主，维护生态系统的科学性、完整性和连续性的生态控制线，防止城市建设无序蔓延，划定的重点生态保护要素的范围界线，不局限于保护水源保护区、风景名胜区、自然保护区、主干河流、水库及湿地等生态保护红线区域。

3.以全链条管理为方向，建立规划全过程实施管理体系

规划成功与否，与其制定及实施的体制、机制密切相关，一个完整的规划应包括从制定——实施——监督——评估——问责的全过程。在规划制定上，各利益相关者都应当参与到环境保护规划相关的决策中来。规划的出台应征求各级政府机构、公众、相关的污染单位对规划的意见和建议。规划的实施期，应明确实施的主导机构以及协作机构，明确各部门的职责，避免职责的交叉及缺位，所有的责任单位、责任人均应参与规划的实施。同时，采取对外公开、公布相关的规划章节形式，接受民众的监督。规划实施过程中必须制定详尽的计划或行动方案，明确目标、时间及任务，并开启监测调度评估机制，时刻掌握规划实施进度，及时解决实施过程中出现的难点。

4.以技术创新为动力，推动生态环境管理转型

中国生态环境规划经过多年来发展，取得了一些理论成果，积累了一些成功的经验，但离生态文明建设还有很大的差距，原因是当前环境规划的大多数研究成果还是集中在完成一项规划所需的技术方法上，而涉及深层次的、核心层次的关于环境规划方面的理论性研究成果，诸如概念、范畴、功能定位、约束与调控的关系等并不多。未来应加强环境优化和集成等薄弱技术方法研究，结合不同领域的特点提出更多适用的有针对性的方法。同时，加强社会经济发展紧密结合的环境影响、环境效应、环境经济形势分析、定量评估预测等技术方法的研究。定量评估的研究方法如非线性规划模型、系统学等方法的应用还相对薄弱，一些新的软件开发技术在分区分类控制中有待更新，新的方法论仍是未来研究的重点。此外，还需与区域和空间的结合，加强环境规划空间控制、分区分类、污染减排与环境质量改善效益评估等技术方法的研究；加强环境风险控制、环境安全管

理、环境基本公共服务等领域的研究。

5.全面开展人才培训，提升环境规划的支撑动力

我国环境规划机构队伍薄弱，各地的环境规划技术单位屈指可数，能够进行高技术人才培训的机构很少，如果要取得长足发展，我们只能通过加强环境规划研究机构、环保技术培训机构建设，丰富高校环境规划理论教学、充实环境规划编制与实践人才队伍，利用市场主导，建立对经济社会发展起促进作用的市场竞争机制，充分调动各地编制环境规划的主观能动性，实现生态环境规划引领的先行作用。

第三节　环境及生态工程的监测与评价

一、生态环境监测概述

生态环境监测是指通过生态学的各种方法和手段，对各种生态系统中的结构和功能上的时空格局进行度量，并通过监测生态条件和变化因素，掌握环境压力的反映及其变化趋势。从监测对象上来说，生态环境监测与城市环境质量监测有所不同，与工业污染监测也有所不同。目前我们所说的生态环境监测主要是宏观的、大范围的生态破坏问题，主要用来反映人类活动对人类所处的生态环境有机综合影响的优势。在研究生态环境环境监测时，生态监测是在环境监测的基础上发展而来的，环境监测的理论和实践是发展生态监测的基础条件。充分理解生态环境环境监测的概念，能更好地指导我们进行生态环境监测技术的分析。

国内有学者提出生态监测就是运用可比的方法，在时间和空间上对特定区域范围内生态系统或生态系统组合体的类型、结构和功能及其组合要素等进行系统测定和观察的过程，监测的结果则用于评价和预测人类活动对生态系统的影响，为合理利用资源、改善生态环境和自然保护提供决策依据。这一定义从方法原理、目的、手段、意义等方面做了较全面的阐述。

二、生态环境监测的对象

生态监测的对象可分为农田、森林、草原、荒漠、湿地、湖泊、海洋、气象、物候、动植物等，每一类型的生态系统都具有多样性，它不仅包括了环境要素变化的指标和生物资源变化的指标，同时还要包括人类活动变化的指标。国内对生态监测类型的划分有许多种，从不同生态系统的角度出发，可分为城市生态监测、农村生态监测、森林生态监测、草原生态监测及荒漠生态监测等。根据生态监测两个基本的空间尺度，生态监测可分为两大类：

（一）宏观生态监测

研究对象的地域等级至少应在区域生态范围之内，最大可扩展到全球。宏观生态监测以原有的自然本底图和专业数据为基础，采用遥感技术和生态图技术，建立地理信息系统（GIS）。还可以采取区域生态调查和生态统计的手段。

（二）微观生态监测

研究对象的地域等级最大可包括由几个生态系统组成的景观生态区，最小也应代表单一的生态类型。微观生态监测以大量的生态监测站为工作基础，以物理、化学或生物学的方法对生态系统各个组分提取属性信息。根据监测的具体内容，微观生态监测又可分为干扰性生态监测、污染性生态监测和治理性生态监测以及环境质量现状评价生态监测。宏观生态监测必须以微观生态监测为基础，微观生态监测又必须以宏观生态监测为主导，二者相互独立，又相辅相成。一个完整的生态监测应包括宏观监测和微观监测两种尺度所形成的生态监测网。

三、生态监测方法的选择

生态监测方法就是对生态系统中项目指标进行具体量测和定度，从而得出生态系统中某一项目状况的特征数据，通过统计分析，反映该指标项目的现状及趋势的方法。同一指标项目可采用多种监测方法进行定性定量分析。在选择监测方法时，要注意现有的条件，结合实际选择出最佳监测方案。监测方案大致按一下八点编制：监测目的；监测的方法及使用设备；监测场地描述（土壤类型、植被、海拔、经纬度、面积等）；监测频度；监测起止时间、周期；监测数据的整理（观测数据、实验分析数据、统计数据、文字数据、图形数据、图像数据），编制生态监测项目报表；监测人员及监测要求（监测依据、执行标准、人员持证监测）。

四、生态环境监测的重要技术应用

（一）GPS技术

GPS是一种定位技术，在环境监测领域的应用能够适时地对遥感技术提供的信息变化区域进行定位导航，具有精确、客观的特性。GPS技术主要是对遥感技术提供的实况数据感测图等加以分析提供地理坐标。其应用原理是：遥感技术将实况数据传输于GPS仪器，GPS仪器进行定位导航后建立新的数据库，并同步对实况变化坐标进行动态观测。

GPS技术在生态环境领域的应用在遥感技术是的一大创新，它能够监测实时动态的监测目标的状况，这也是比遥感技术进步的一大特点。此外这一技术还能应用于某一时段的事物数量监测，从而对相关方面进行推测，比如监测某一区域的树木数量从而监测出树木某一时段的二氧化碳吸收量。这一技术应用也是十分广泛，在生态环境监测方面可以与遥感技术相互辅助，适时监测出动态数据，并能对一些措施的有效性进行适时关注，还能监测生态链的平衡程度，这样能够减少物力、人力的投入。

（二）GIS技术

GIS技术是一个有关空间信息输入、储存管理、分析运用和结果输出的计算机化体系，是现在最大的地理信息数据库之一。它除了具备数据库的基本作用外，还具备强大的空间分析与辅助决策作用，能为宏观决策管理服务，可以完成迅速、正确的空间分析与动态监测研究。在生态环境监测中运用这一技术关键是其具备丰富的地理信息数据，监测人员可以依据这一技术分析被监测范围的地理信息特征，在生态发展的规划、地理资源的管理和灾害的预测与预警方面具备无法取代的作用。中国的地理环境繁杂，运用GIS技术能进一步提高生态环境监测的正确性与真实性。

（三）RS技术

RS技术（遥感技术）就是通过卫星或者其他远距离的监测，监测被监测范围内物体的电磁波信息变化，分析得出此物体现在处于的状态和发展趋势，并将这些信息加以整理、反馈。RS技术可以高空对物体进行扫描、拍摄，对信息的采集相当快速、准确，而且可以被遥感的对象有很多，森林覆盖面积、植被生长的状况、空际环境污染指数、气温闭环等。例如，我们可以对大兴安岭森林采用遥感技术监测，我们可以通过检测森林的覆盖面积是否减少，来推测是否有人在破坏植被，进而想出我们应该采用何种手段进行处理，也可以对于大兴安岭上空气温状况进行监测，时刻注意是否会出现火灾等自然灾害，如若发现异情，可以在第一时间内，进行扑救。遥感技术的应用大大减少来人力资源的投入，是一种高效的生态环境监测手段。

五、生态环境监测存在的问题

（一）管理制度仍未完善

一是目前缺乏统一的国家生态环境质量监测相关条例、管理办法和与配套的监测法律法规支撑体系、监测技术保障体系、分析方法尚不健全；二是生态环境监测信息服务，逐步向社会市场直接开放后，针对各类社会环境监测服务机构的环境监管服务体系不健全。

（二）经费保障不足

生态环境日常监测服务工作长期未受到国家重视，历史时期欠账案例较多。同时，一些西部地方由于受国家财政收入制度限制，无法足额支付保障基层生态环境日常监测经营机构建设所需要的人员和监测设备，导致生态环境监测经营机构服务能力建设水平与日常监测运转任务整体需求不平衡，特别是一些大型基层生态环境监测服务机构，往往只能完全满足基本日常监测运转任务需求。

（三）自动化和信息化水平不高

目前，大气、水、土壤、噪声、辐射等自动环境监测系统数据采集、处理和数据分析等工作过程的信息自动化和信息智能化应用程度相对较低，环境监测系统信息数据传输技术网络与相关大数据应用平台间的开发和整合应用能力不足。

（四）技术人员储备力量不足

生态环境管理监测技术涉及领域多，综合性强，复杂度高，面对复杂和任务综合性强的环境监测管理任务，许多环境监测管理机构因自身缺乏相关专业监测技术人员或缺少进行相关专业技术培训，技术人员管理力量无法完全满足环境监测管理任务的具体需求。

六、生态环境监测过程中采取的措施

（一）要建立并完善国家统一的生态环境监测网

由于目前我国的生态环境监测管理工作由于起步较晚，而且生态监测技术还没有广泛应用，与其他发达国家监测工作相比较，我国的生态环境监测的技术水平较低，未能真正跟上国际发展步伐。因此，国家决定要加快建立一批专业的国家生态环境监测点，监测工作构建和建立完善符合国家健全统一的企业生态环境监测管理体系及相关技术管理规范。

（二）增加培训资金投入，优化培训设备，积极开展专业生态环境监测技术人才培训

先进的监测设备对于进行环境监测服务质量综合水平的评定具有重要的指导意义。提高民用环境监测管理仪器的生产使用管理效率，不要让环境监测仪器仅仅成为摆设，而要充分发挥和突出它的重要作用。加强企业工作人员对环境监测仪器设备安全使用的技术指导，使得企业环境监测工作人员既能够正确的选择使用监测仪器，又能够及时加强对环境监测仪器设备的安全保护，延长环境监测仪器设备的使用寿命。

此外，还要积极开展本地生态环境监测技术知识培训，推广应用生态环境监测技术相关知识至各个省级环境资源保护部门监测站，以便各省和地方更好的深入开展本地生态环境保护监测技术工作，适应我们保护环境的时代要求。各级领导干部要悉心听取研究有关一线监测工作人员的工作建议，发挥动员广

大群众的集体力量，坚持在节约使用最少的监测资金的成本基础上，充分发挥一线工作人员的主动积极性，提高监测设备的有效使用率，充分发挥好人力、物力、财力。

（三）建立并使用一套有效的可以实施的生态监测方法

我国以前的农业生态环境监测管理工作主要研究分析监测处理生态环境过程中的各种环境污染、生态环境中的破坏和预测生态环境中潜在的各种灾害性的环境问题等，以定性描述问题为主。因此，我国政府应该尽快建立一套有效并且可以长期实施的环境监测管理方法。要加强对全球生态环境的长期动态调控监测，加强对全球生态的持续演化发展趋势的静态监测。要做到想有效加强对地区生态环境的及时动态综合监测管理。需要切实做到以下三点：

（1）加强生态环境自动监测管理过程中不仅要完全依靠3S分析技术，对动态监测数据分析进行及时的综合分析，同时还要利用3S分析技术对影响因子监测专题数据进行综合分析。

（2）建立一个生态环境中的动态定量监测数据模型，实现动态定量数据表述、定量分析结果等，并确定在每一个信息空间中的位置。

（3）建立一套有效的并且可以长期实施的农村生态环境监测管理方法，按时按地推广应用到农村基层的生态环境监测站，逐步提高我国农村整体的农业生态环境质量监测管理水平。

七、环境生态评价

随着人口的增长和社会工业化程度的提高，人类活动的范围和强度空前扩大，自然界越来越多地打上了人类的烙印，人口、资源与环境矛盾日益尖锐，生态问题更加突出。为了解决这些问题，人类需要更深入地理解生态系统结构、功能和过程，逐步在全球范围内开展了环境生态评价研究。

从环境生态评价的对象来看，由于人们最初面临的生态问题影响范围较小，评价对象多是尺度较小的农田生态系统、森林生态系统等。随着生态问题的广泛化和全球化，评价对象尺度增大，现已形成一个从地块到区域、国家、全球的多层次评价体系。其中研究较多的是对农业、森林、城市、湿地、流域、湖泊、山区、干旱区、森林公园、自然保护区、行政区等生态系统的评价。从环境及生态评价的研究进程来看，总体上可以分为两类：一是对生态系统所处的状态进行评价；二是对生态系统服务功能进行评价。

（一）生态系统状态的评价

由于研究较早，生态系统状态方面的评价在理论与技术方面都比较成熟。在评价方法上，最常用的方法是多线性加权法，其基本思路是首先根据评价的目的建立评价指标体系，然后确定各指标的权重，并对评价指标进行量化与标准化，最后根据评价模型进行评价。还有两种评价方法：一是景观空间格局法。它以景观生态学理论为基础，根据不同的生态结构将研究区域划分为景观单元斑块，通过定量分析，反映景观空间格局与景观异质性特征的多个指数，从宏观角度给出区域生态状况。二是欧氏距离法。其实质是把评价因子作为欧氏空间的维向量，而将评价标准作为欧氏空间的基点，用评价因子组成的维向量与评价标准组成的基点之间的距离来度量。距离越短，表明评价值越接近评价标准。

（二）生态系统服务功能的评价

生态系统服务是指生态系统与生态过程所形成及所维持的人类赖以生存的自然环境的条件与效用。它不仅给人类提供生存所必需的食物、医药及工农业生产的原料，而且维持了人类赖以生存和发展的生命支持系统。综合国内外的研究成果，通常将生态系统服务功能划分为生态系统产品和生命系统支持功能。生态系统产品是指自然生态系统所产生的，能为人类带来直接利益的因子。包括食品、医用药品、加工原料、动力工具、欣赏景观、娱乐材料等。生命系统支持功能主要包括固定二氧化碳、稳定大气、调节气候、对干扰的缓冲、水文调节、水资源供应、水土保持、土壤熟化、营养元素循环、废弃物处理、授粉、生物控制、提供生境、食物生产、原材料供应、遗传资源库、休闲娱乐场所以及科研、教育、美学、艺术等。

对生态系统服务价值进行评估，是对生态系统服务功能进行估计的具体手段。生态系统服务价值的量化可将生态系统的产品和生命支持功能，转化为人们具有明显感知力的货币值，能较好地反映生态系统和自然资本的价值，有助于人们了解和认识生态系统的服务功能及其价值，减少和避免损害生态系统服务功能的短期经济行为的发生，促进生态系统可持续发展和管理。根据生态服务价值的构成，可以分为：

（1）直接使用价值。主要是指生态系统产品所产生的价值，即生物资源价值。它包括食品、医药及其他工农业生产原料，这些产品可在市场上交易并在国家收入账户中得到反映，但也有部分非实物直接价值（无实物形式，但可为人类提供服务，可直接消费），如动植物观赏、生态旅游、科学研究等。直接使用价值可用产品的市场价格来估计，是人类从古至今生存的依赖基础，也是造成过度采掘猎捕，并导致生物多样性减少和生物资源日益衰竭的根本原因。

（2）间接使用价值。主要是指生态系统给人类提供的生命支持系统的价值。这种价值通常远高于其直接生产的产品资源价值，是作为一种生命支持系统而存在的，如维持生命物质的生物和地球化学循环与水文循环。间接利用价值的评估常常需要根据生态系统功能的类型来确定。

（3）选择价值。是指人们为了将来能直接利用和间接利用某种生态系统服务功能的支付意愿。例如人们为将来能利用生态系统的涵养水源、净化大气以及娱乐等功能的支付意愿。通常把选择价值喻为保险公司，即人们为自己确保将来能利用某种资源或效益而愿意支付的一笔保险金。选择价值又可分为三类：自己将来利用、子孙后代将来利用及为别人将来利用。它是一种关于未来价值或潜在价值，是在做出保护或开发选择之后的信息价值，是难以计量的价值。

（4）存在价值。亦称内在价值，是人们为确保生态系统服务功能能够继续存在的支付意愿。存在价值是生态系统本身所具有的价值，是种与人类的开发利用无直接关系，但与人类对其存在的观念和关注相关的经济价值，如生态系统中的物种多样性与涵养水源能力等。

（5）遗产价值。是指当代人将某种自然物品或服务保留给子孙后代而自愿支付的费用或价格。遗产价值还可体现在当代人为他们的后代将来能受益于某种自然物品或服务而自愿支付的保护费用。

根据对价值构成的评述，一般地，生态系统服务功能的总价值是其各种价值的总和。但在实际评估中，总价值尚存在问题和争论。现有的评价技术可以区分使用价值和非使用价值，但企图分开选择价值、存在价值和遗产价值是有问题的，它们之间在意义上存在一定程度的重叠，在实际操作上，需要注意它们重叠的部分。

第二章　水污染治理技术

第一节　物理处理

一、筛除

污水在处理之前一般都先用筛除装置去除其中的粗大杂质，以免堵塞水泵、管道和阀门，保证后续处理设施的正常运行。格栅和筛网是污水处理过程中最常用的筛除设备。

（一）格栅

格栅用来去除可能堵塞水泵机组及管道阀门的较粗大悬浮物，保证后续处理设施能正常运行。

格栅由一组（或多组）平行的金属栅条与框架组成，倾斜安装在进水的渠道或进水泵站集水井的进口处，拦截污水中粗大的悬浮物及杂质。

格栅所能截留污染物的数量，与所选用的栅条间距和水的性质而有很大关系，一般以不堵塞水泵和水处理厂站的处理设备为原则。

设置在污水处理厂处理系统前的格栅，应考虑到使整个污水处理系统能正常运行，对处理设施或管道等均不应产生堵塞。可设置粗细两道格栅，栅条间距一般采用16～25mm，最大不超过40mm。所截留的污染物数量与地区的情况、污水沟道系统的类型、污水流量以及栅条的间距等因素有关。栅渣的含水率约为80%，密度约为960kg/m^3。

格栅的清渣方法有人工清除和机械清除两种。每天的栅渣量大于0.2m^{3}时，一般应采用机械清除。

1.人工清渣的格栅

中小型城市的生活污水处理厂或所需截留的污染物量较少时，可采用人工清理的格栅。这类格栅由直钢条制成，一般与水平面成45°～60°倾角安放，倾角大时，清理较省力，但占地较大。

人工清渣的格栅，其设计面积应采用较大的安全系数，一般不小于进水管渠有效面积的2倍，以免清渣过于频繁。在污水泵站前集水井中的格栅，应特别注意有害气体对操作人员的危害，并应采取有效的防范措施。格栅间应设置操作平台。

2.机械清渣的格栅

机械清渣的格栅，倾角一般为60°～70°，有时为90°。机械清渣格栅过水面积一般不小于进水管渠的有效面积的1.2倍。

格栅栅条的断面形状有圆形、矩形及方形。圆形的水力条件较方形好，但刚度较差。目前多采用断面形式为矩形的栅条。设置格栅的渠道，宽度要适当，应使水流保持适当的流速，一方面泥沙不至于沉积在沟渠底部，另一方面截留的污染物又不至于冲过格栅。通常采用流速为0.4～0.9m/s。

为了防止栅条间隙堵塞，污水通过栅条间距的流速一般采用0.6～1.0m/s，最大流量时可高于1.2～1.4m/s。

为了防止格栅前渠道出现阻流回水现象，一般在设置格栅的渠道与栅前渠道的联结部，设有展开角的渐扩部位。为了保证格栅的正常工作，城市污水栅条间距一般取0.1～0.4m。对工业污水，根据使用的格栅栅条间距以及清理时间间隔等因素，应留有必需的安全量。

（二）筛网

当需要去除水中纤维、纸浆、藻类等稍小的杂质时，可选择不同孔径的筛网。孔径小于10 mm的筛网主要用于工业废水的预处理，可将尺寸大于3 mm的漂浮物截留在网上。

孔径小于0.1mm的细筛网则用于处理后出水的最终处理或重复再生水的处理。应用于废水处理或短小纤维回收的筛网主要有两种形式，即振动筛网和水力筛网。污水由渠道流至振动筛网上，进行水和悬浮物的分离，并利用机械振动，将呈倾斜面的振动筛网上截留的纤维等杂质卸到固定筛网上，进一步滤去附在纤维上的水滴。

振动筛网呈截顶圆锥形，中心轴呈水平状态，锥体倾斜。废水从圆锥体的小端进入，水流在从小端到大端的流动过程中，纤维状污染物被筛网截留，水则从筛网的细小孔中流入集水装置。由于整个筛网呈圆锥体，被截留的污染物沿筛网的倾斜面卸到固定筛上，以进一步滤去水滴。这种筛网依靠进水的水流作为旋转动力，因此在水力筛网的进水端一般不用筛网，而用不透水的材料制成壁面，必要时还可在壁面上设置固定的导水叶片，但不可过多地增加运动筛的重量。原水进水管的设置位置与出口的管径要适宜，以保证进水有一定的流速射向导水叶片，利用水的冲击力和重力作用产生旋转运动。

设计水力筛网时，一般应在废水进水管处保持一定的压力，压力的大小与筛网的大小及废水性质有关。

格栅或筛网截留的污染物的处置方法有：填埋、焚烧（820℃以上）及堆肥等，也可将栅渣粉碎后再返回废水中，作为可沉固体进入初沉污泥。粉碎机应设置在沉砂池后，以免大的无机颗粒损坏粉碎机。此外，大的破布和织物在粉碎前应先去除。

二、重力分离

重力分离分为重力沉淀和重力上浮两种情况。当悬浮物的密度大于废水时，在悬浮液中，依靠重力沉降作用把固体颗粒去除的现象叫作沉淀或沉降。沉淀分离在任何废水处理过程中都不可缺少，有时甚至多次使用。悬浮物的密度小于废水时就上浮，称重力上浮。对粒度小呈乳化状态或密度接近于水的悬浮性物质，难以自然沉降或上浮，必须依靠通入空气或进行机械搅拌，形成大量气泡，将乳化微粒黏附带至水面，与水进行分离，这种强制上浮又称气浮。

（一）原理

重力分离是依靠废水中悬浮物密度与废水不同的特点进行固液分离或液液分离去除废水中悬浮物的方法。根据污水中悬浮物的含量和颗粒特性，沉淀现象可以分为自由沉淀、絮凝沉淀（干涉沉淀）、区域沉淀、压缩沉淀等类型。

1.自由沉淀

沉淀过程中，固体颗粒之间互不聚合、黏合或干扰，单独地进行沉降。颗粒的物理性质（大小、形状、比重等），在沉降过程中均不发生变化。在废水悬浮物的浓度不太高、颗粒多为无机物时常发生自由沉淀，如在沉砂池中砂颗粒的沉降。

当固体颗粒静止处于水中时，要受到两个力的作用：一是它本身的重力；二是水对它的阻力。如果固体颗粒密度比水大，其所受的重力将比水大，颗粒就会自然地向下运动，开始沉淀时，颗粒加速下沉；颗粒一旦开始运动，就会受到与运动方向相反的水的阻力作用，该阻力由运动速度产生，且与运动速度正相关，即速度增加，阻力增大，当颗粒下沉速度加速到某一值，颗粒所受阻力与重力相等时，颗粒便会以此时的下沉速度匀速下沉，直到完成整个自由沉淀过程。

2.絮凝沉淀（干涉沉淀）

当悬浮物浓度较高（50～500mg/L）时，沉淀过程中颗粒间可能互相碰撞产生絮凝作用，使颗粒粒径与质量逐渐加大，沉速加快。如活性污泥在二沉池中的沉淀。有时污水中的悬浮物浓度虽不很高，但沉淀过程中悬浮颗粒却具有附聚、凝聚的性能，使颗粒间相互黏合，结成较大的聚凝体或混凝体，悬浮物颗粒及其沉降速度随着沉降深度增加而增加。如初次澄清池中发生的沉淀。有时为了提高沉淀效率，向废水中投加絮凝剂或混凝剂，使水中的胶体态悬浮物颗粒失去稳定性后，相互碰撞和附聚，搭接成为较大的颗粒或絮状物，使悬浮物容易从水中沉淀分离出来。

3.区域沉淀

当废水中悬浮物的浓度增加到一定程度（如活性污泥或化学凝聚污泥的浓度＞500mg/L）时，由于悬浮物浓度较高而发生颗粒间的相互干扰，造成沉降速度减小，使悬浮物颗粒相互拥挤在一起，形成绒体（毯）状的大块面积沉降，在下沉的固体层与上部的清液相层之间有明显的交界面。如二次澄清池中的活性污泥沉降和给水系统中的矾花沉降等。

4.压缩沉淀

多发生于沉淀下来的固体颗粒层中。由于废水中的悬浮物浓度过高，颗粒间相互支撑，上层颗粒在重力作用下挤压下层颗粒间的间隙水，使固体颗粒得到了进一步的浓缩。如二沉池泥斗和浓缩池的污泥浓缩过程。

（二）主要重力分离设备（构筑物）类型

大部分含无机或有机悬浮物的污水，都可通过重力分离设备（构筑物）去除悬浮物。对重力分离设备（构筑物）的要求是能最大限度地除去废水中的悬浮物，减轻后续净化设备的负担。沉淀池的工作原理是让污水在池中缓慢地流动，使悬浮物在重力作用下沉降。根据其功能和结构的不同，可选用不同类型的重力分离设备（构筑物）。

1.沉砂池

沉砂池的作用是从污水中去除砂子、煤渣等比重较大的颗粒，以免这些杂质影响后续处理构筑物的正常运行。沉砂池的工作原理是以重力分离为基础，即将进入沉砂池的污水流速控制在只能使比重大的无机颗粒下沉，而有机悬浮颗粒被水流带走。

沉砂池可分为平流式沉砂池、竖流式沉砂池和曝气沉砂池三种基本形式。

（1）平流式沉砂池是最常用的一种沉砂池形式，由入流渠、出流渠、闸板、水流部分及沉砂斗组成，具有构造简单、工作稳定、处理效果好且易于排沉砂等特点，但重力排砂时构筑物需高架。其水流部分是一个加深加宽的明渠，两端设有闸板。池底一般应有0.01～0.02的坡度，并设有1～2个贮砂斗。贮砂斗的容积按2日沉砂量计算，斗壁与水平面的倾角不应小于55°，下接排砂管。沉砂可用闸阀或射流泵、螺旋泵排出。

（2）曝气沉砂池是一矩形渠道，沿渠壁一侧的整个长度方向，距池底60～90cm处安设曝气装置，在其下部设集砂斗，池底与集砂斗有一定的坡度，以保证砂粒滑入。横断面呈矩形，坡向砂槽；砂槽上方设曝气器。具有以下特点：

①沉砂中含有机物的量低于5%；②由于池中设有曝气设备，具有预曝气、脱臭、防止污水厌氧分解、除泡作用以及加速污水中油类的分离等作用。这些特点对后续的沉淀、曝气、污泥消化池的正常运行以及对沉砂的干燥脱水提供了有利条件。由于曝气作用，废水中有机颗粒经常处于悬浮状态，砂粒互相摩擦并承受曝气的剪切力，砂粒上附着的有机污染物能够去除，有利于取得较为纯净的砂粒。在旋流的离心力作用下，这些密度较大的砂粒被甩向外部沉入集砂槽，而密度较小的有机物随水流向前流动被带到下一处理单元。另外，在水中曝气可脱臭，改善水质，有利于后续处理，还可起到预曝气作用。

其工作原理为：污水在池中存在着两种运动形式，其一为水平流动（流速一般取0.1m/s，不得超过0.3m/s），同时，由于在池的一侧有曝气作用，因而在池的横断面上产生旋转运动，整个池内水流产生螺旋状前进的流动形式。旋转速度在过水断面的中心处最小，而在池的周边则为最大。空气的供给量应保证在池中污水的旋流速度达到0.25～0.3m/s。

由于曝气以及水流的螺旋旋转作用，污水中悬浮颗粒相互碰撞、摩擦并受到气泡上升时的冲刷作用，使黏附在砂粒上的有机污染物得以去除，沉于池底的砂粒较为纯净。有机物含量只有5%左右的砂粒，长期搁置也不易腐化。

曝气沉砂池的形状应尽可能不产生偏流和死角，在砂槽上方宜安装纵向挡板，进出口布置，应防止产生短流。

2.沉淀池

沉淀池是分离悬浮物的一种常用处理构筑物。用于生物处理法中做预处理的称为初次沉淀池。设置在生物处理构筑物之后的称为二次沉淀池，是生物处理工艺中的一个组成部分。

（1）优缺点和适用条件

平流式：沉淀效果好，耐冲击负荷与温度变化，施工简单，造价较低。但配水不均匀，采用多个泥斗排泥时每个泥斗需单独设排泥管，操作量大；采用链式刮泥设备，因长期浸泡水中而生锈。适用于大中型污水处理厂和地下水位高、地质条件差的地区。

竖流式：排泥方便，管理简单，占地面积少。但池深大，施工困难，对冲击负荷与温度变化适应能力差，造价高，池径不宜过大，否则布水不均。适于小型污水处理厂。

辐流式：机械排泥，运行效果较好，管理较方便，排泥设备已定型。但排泥设备复杂，对施工质量要求高。适用于地下水位较高地区和大中型污水处理厂。

（2）平流式沉淀池

平流式沉淀池是最早和最常用的形式，尤其在较大流量的水处理厂中应用较多。从平面上看平流式沉淀池是一个长矩形的池子，由进水区、沉淀区、缓冲区、污泥区、出水区五区以及排泥装置组成。

水通过进水槽和孔口流入池内，在挡板作用下，在池子澄清区的半高处均匀地分布在整个宽度上。水在澄清区内缓缓流动，水中悬浮物逐渐沉向池底。沉淀池末端设有溢流堰和出水槽，澄清区出水溢过堰口，通过出水槽排出池外。如水中有浮渣，堰口前需设挡板及浮渣收集设备。在沉淀池前端设有污泥斗，池底污泥在刮泥机的缓缓推动下刮入污泥斗内。开启排泥管上的闸阀，在静水压力（1.5～2m水头）的作用下，斗中污泥由排泥管排出池外。排泥管管径采用200mm，以防堵塞。池底坡度采用0.01～0.02，倾向污泥斗。如池子个数较多，也可装设一台公用的刮泥车，轮流在各个池面的铁轨上缓慢移动，进行刮泥操作，将泥刮到污泥斗中，再用砂泵或靠静水压力排出池外。

如沉渣比重大，含水率低，流动性差，不能靠静水压力排泥，如冶金工业生产污水中的铁渣、煤屑等，可利用电动单轨抓斗来清除沉渣。有些给水沉淀池底部采用许多条穿孔排泥管，靠静水压力排泥。如沉淀池体积不大，底部也可做成许多污泥斗，斗的坡度采用45°～50°，可省去排泥机械。每个污泥斗应单独设一根排泥管，不能多斗合用。

要使沉淀池发挥功效，必须排泥通畅。针对沉渣的特性选择正确的排泥方法及设备，否则会影响沉淀池的运行。例如有机性污泥由于排泥不畅，在池底发生厌氧发酵漂浮起来，或者大量沉渣堵塞排泥管道，迫使沉淀池无法工作。另外，要尽可能使污泥浓稠，以减少污泥脱水、干化工作的负担。污泥含水率与污泥性质、排泥周期及排泥方法有关。例如对城市污水的污泥，夏季每天排泥1～2次，含水率达97%～98%，冬季时可两三天排泥一次，污泥在斗内浓缩，含水率可达95%～96%。

沉淀池的进水装置应尽可能使进水均匀地分布在整个池子的横断面，以免造成短流，要减少紊流对沉淀产生的不利影响，减少死水区，提高沉淀池的容积利用系数。在混凝沉淀处理中，经过反应后的矾花进入沉淀池时，要尽量避免被紊流打碎，否则将降低沉淀效果。反应池与沉淀池之间也不宜用管渠相连，应当使水流经过反应后缓慢、均匀地进入沉淀池。

（3）竖流式沉淀池

竖流式沉淀池的平面形状一般为圆形或方形，水由中心管的下口流入池中，通过反射板的拦阻向四周分布于整个水平断面上，缓缓向上流动。沉速超过上升流速的颗粒则向下降到污泥斗中，澄清后的水由池四周的堰口溢出池外。污泥斗倾斜角45°～60°，排泥管直径200mm，排泥静水压为1.5～2m，可不必装设排泥机械设备。

（4）沉淀池类型选择

选择沉淀池类型时，应综合考虑以下因素：①水量的大小；②水中悬浮物质的物理性质及其沉降特性；③污水处理厂的总体布置及地形地质情况等。

（5）斜板（斜管）沉淀池

为提高沉淀池处理能力，缩小体积和占地面积，将一组平行板或平行管，相互平行地重叠在一起，以一定的角度安装于平流沉淀池中，水流从平行板或平行管的一端流到另一端，使每两块板间或每一根管，都相当于一个很浅的小沉淀池。其优点是利用了浅层沉淀原理与层流原理，水流在板间或管内流动具有较大的湿润周边，较小的水力半径的特点，所以雷诺数较低，对沉淀极为有利，斜板或斜管增加了沉淀面积，缩短了沉降距离，提高了沉淀效率，减少了沉淀时间。

三、气浮分离

（一）原理

气浮分离是在污水中，通入细小而均匀的气泡，使难沉降的固体颗粒或细小的油粒借助表面的疏水性，黏附在气泡上，借气泡上浮力带到水面上，形成浮渣或浮油被排除。利用气浮的原理可排除自然沉淀或上浮难以去除的悬浮物以及比重接近1的固体颗粒。气浮法可以从污水中分离出脂肪、油类、纤维和其他低密度的固体污染物；也用于浓缩活性污泥处理法排出的污泥，浓缩化学混凝处理过程中产生的絮状化学污泥等。

利用气浮分离技术去除污水中固体悬浮物时需具备以下基本条件：必须向水中提供足够量的细微气泡；必须使污水中的污染物质成悬浮状态；必须使气泡与悬浮的物质产生黏附作用。有了上述这三个基本条件，才能完成污水处理过程，达到污染物质从水中去除的目的。气浮分离的影响因素有：

（1）水中颗粒与气泡黏附的条件。由于悬浮颗粒对水的润湿性质不同，其对气泡的黏附情况也有很大的差别。污染物呈"亲水性"不能气浮，污染物呈"疏水性"可以气浮。向水中投加浮选剂改变污染物的疏水性能，可以使污染物由亲水性物质变为疏水性物质。

（2）气泡的稳定性。气泡浮到水面后，水分很快蒸发，泡沫极易破灭，会使已经浮到水面的污染物又脱落回到水中。投加起泡剂（表面活性物质）可达到改善气泡稳定性的目的。

（3）气浮中气泡对絮体和颗粒单体的结合方式。气浮过程中气泡对混凝絮体和颗粒单体的结合可以有三种方式，即气泡顶托、气泡裹挟和气粒吸附。显然，它们之间的裹挟和黏附力的强弱，即气、粒（絮凝体）结合的牢固程度与否，不仅与颗粒、絮凝体的形状有关，更重要的是要受水、气、粒三相界面性质的影响。水中活性剂的含量、水的硬度、悬浮物的浓度，都和气泡的黏附强度有着密切的联系。气浮运行的好坏与此有根本的关联。在实际应用中须调整水质。

（二）气浮工艺

加压气浮按加压情况分为部分溶气方式加压、全溶气方式加压和回流水加压三种。加压气浮装置由加压水泵、空气压缩机、溶气罐、溶气释放器和气浮池等组成。其中，回流水加压气浮是将处理后的部分废水加压溶气，回流量一般为20%～50%。这种流程处理的效果较好，不会打碎絮凝体，出水的水质稳定，加压泵及溶气罐的容量及能耗等都较小，但气浮池的体积则相应增大。

四、离心分离

（一）离心分离的原理

利用快速旋转所产生的离心力使含有悬浮固体或乳状油的污水进行高速旋转，由于悬浮颗粒、乳化油等和水的质量不同，受到的离心力作用进行分离的方法称为离心分离法。

离心设备包括离心沉降和离心浮上两种。当分离颗粒密度大于介质密度时，分离颗粒被沉降在离心设备的最外侧；而当颗粒密度小于介质密度时，分离颗粒被"浮上"在离心设备最里面，利用不同的排出口将其分别引出。

（二）离心分离设备的类型

按离心力产生方式的不同，离心分离设备分为水旋分离设备和器旋分离设备两大类型。水旋分离设备的容器固定不动，由沿切向高速进入器内的水流本身造成的旋转来产生离心力。这类分离设备称为水力旋流器（或旋流分离器）。器旋分离设备是依靠容器的高速旋转带动器内水流旋转来产生离心力。这类分离设备称为离心机。

1.水力旋流器

水力旋流器，是利用离心力来加速矿粒沉降的分级设备。它需要压力给矿，故消耗动力大，但占地面积小、价格便宜、处理量大、分级效率高，可获得很细的溢流产品，多用于第二段闭路磨矿中的分级设备。

水力旋流器是一种高效率的分级、脱泥设备，由于它的构造简单、便于制造、处理量大，在国内外已广泛使用。它的主要缺点是消耗动力较大，且在高压给矿时磨损严重，采用新的耐磨材料，如硬质合金、碳化硅等制作沉砂口和给矿口的耐磨件，可部分地解决这一问题。此外，当用于闭路磨矿的分级时，因其容积小，对矿量波动没有缓冲能力，不如机械分级机工作稳定。

水力旋流器是用于分离去除污水中较重的粗颗粒泥砂等物质的设备，有时也用于泥浆脱水。分压力式和重力式两种，常采用圆形柱体构筑物或金属管制作。水靠压力或重力由构筑物（或金属管）上部沿切线进入，在离心力作用下，粗重颗粒物质被抛向器壁并旋转向下和形成的浓液一起排出。较小的颗粒物质旋转到一定程度后随二次上旋涡流排出。

水力旋流器由上部一个中空的圆柱体，下部一个与圆柱体相通的倒椎体，二者组成水力旋流器的工作筒体。除此，水力旋流器还有给矿管、溢流管、溢流导管和沉砂口。

水力旋流器用砂泵（或高差）以一定压力（一般是0.5～2.5kg/cm）和流速（约5～12m/s）将矿浆沿切线方向旋入圆筒，然后矿浆便以很快的速度沿筒壁旋转而产生离心力。通过离心力和重力的作用下，将较粗、较重的矿粒抛出。

水力旋流器在选矿工业中主要用于分级、分选、浓缩和脱泥。当水力旋流器用作分级设备时，主要用来与磨机组成磨矿分级系统；用作脱泥设备时，可用于重选厂脱泥；用作浓缩脱水设备时，可用来将选矿尾矿浓缩后送去充填地下采矿坑道。

水力旋流器无运动部件，构造简单；单位容积的生产能力较大，占面积小；分级效率高（可达80%～90%），分级粒度细；造价低，材料消耗少。悬浮液以较高的速度由进料管沿切线方向进入水力旋流器，由于受到外筒壁的限制，迫使液体做自上而下的旋转运动，通常将这种运动称为外旋流或下降旋流运动。外旋流中的固体颗粒受到离心力作用，如果密度大于四周液体的密度（这是大多数情况），它所受的离心力就越大，一旦这个力大于因运动所产生的液体阻力，固体颗粒就会克服这一阻力而向器壁方向移动，与悬浮液分离，到达器壁附近的颗粒受到连续的液体推动，沿器壁向下运动，到达底流口附近聚集成为大大稠化的悬浮液，从底流口排出。分离净化后的液体（当然其中还有一些细小的颗粒）旋转向下继续运动，进入圆锥段后，因旋液分离器的内径逐渐缩小，液体旋转速度加快。由于液体产生涡流运动时沿径向方向的压力分布不均，越接近轴线处越小而至轴线时趋近于零，成为低压区甚至为真空区，导致液体趋向于轴线方向移动。同时，由于旋液分离器底流口大大缩小，液体无法迅速从底流口排出，而旋流腔顶盖中央的溢流口，由于处于低压区而使一部分液体向其移动，因而形成向上的旋转运动，并从溢流口排出。在正常生产的水力旋流器中，流体的运动形式分为以下6种：

（1）外旋流和内旋流：是水力旋流器运动的主要形式，它们的旋转方向相同，但其运动方向相反。外旋流携带粗而重的固体物料由沉砂口排出，为沉砂产物；内旋流携带细而轻的固体物料由溢流口排出，为溢流产物。

（2）短路流：给入旋流器的两相流体，由于其器壁的摩擦阻力作用，其中一部分先向上再沿顶盖下表面向内，又沿旋涡溢流管外壁向下运动，最后同内旋流汇合由溢流管的溢流口排出。这部分盖下流就是通常所说的短路流，由于其直接进入溢流产物，未经分离作用，故而直接影响分离效果。

（3）循环流：从外旋流以螺线涡形式内迁到内旋流的两相流体，由于溢流管的溢流口来不及将其全部排出，其中未被排出的部分流体将在旋流器的旋涡溢流管与器壁之间的空间，做由下而上再由上而下的循环运动，形成循环流。

（4）零速包络面：由于外旋流和内旋流的流体运动方式不同，而且内旋流是由外旋流运动过程中逐渐内迁形成，那么其中必有轴向速度等于零的迹点。旋流器在正常分离过程中，流体轴向速度为零的轨迹叫零速包络面。零速包络面是循环流的中心线，也是内旋流和外旋流的分界线。结构参数一定的旋流器，其零速包络面的形状和大小基本不变。

（5）最大切线速度轨迹面：给入旋流器的两相流体，以外旋流以螺线涡形式向内旋流内迁的过程中，其流体质点的切线速度有一最大值，即最大切线速度。

正常工作时，旋流器中流体质点最大切线速度的轨迹叫最大切线速度轨迹面。

（6）空气柱：给入旋流器的两相流体，以螺线涡运动时，随着旋转半径的逐渐减小，其质点切线速度越来越大，当达到某一数值时将形成低于外部空间压力的负压区。进入负压区的流体将会从中析出空气，与此同时，外部空间的空气亦会通过排出口（沉砂口和溢流口）进入负压区形成空气柱。

2.离心机

离心机是利用离心力，分离液体与固体颗粒或液体与液体的混合物的机械。离心机主要用于将悬浮液中的固体颗粒与液体分开，或将乳浊液中两种密度不同，又互不相溶的液体分开（例如从牛奶中分离出奶油）；也可用于排除湿固体中的液体，例如用洗衣机甩干湿衣服；特殊的超速管式分离机还可分离不同密度的气体混合物；利用不同密度或粒度的固体颗粒在液体中沉降速度不同的特点，还可对固体颗粒按密度或粒度进行分级。

离心机就是利用离心力使得需要分离的不同物料得到加速分离的机器。离心机大量应用于化工、石油、食品、制药、选矿、煤炭、水处理和船舶等部门。过滤式离心机的主要原理是通过高速运转的离心转鼓产生的离心力（配合适当的滤材），将固液混合液中的液相加速甩出转鼓，而将固相留在转鼓内，达到分离固体和液体的效果，或者俗称脱水的效果。沉降式离心机的主要原理是通过转子高速旋转产生的强大的离心力，加快混合液中不同比重成分（固相或液相）的沉降速度，把样品中不同沉降系数和浮力密度的物质分离开。

第二节 化学处理

一、中和法

酸性废水和碱性废水是常见的一类工业废水，如化工厂、化纤厂、电镀厂、金属加工厂等的酸性废水；造纸厂、炼油厂、印染厂、皮革厂等的碱性废水。这些废水若直接排放，会腐蚀管渠，损坏农作物，伤害鱼类等水生物，危害人类健康，破坏生物处理系统的正常运行。因此必须妥善处置。浓度较高的酸、碱废水（3%以上），应首先考虑回收和综合利用；低浓度酸、碱废水，回收或综合利用意义不大时，排放前应进行中和处理。利用化学药剂，使废水的pH值达到中性的过程称为中和处理。常用的中和处理方法有以下三种：

（一）酸、碱废水中和法

这是一种既简单又经济的以废治废的方法。这种方法是将酸、碱废水共同引入中和池，混合搅拌。酸、碱废水的水量比应考虑两种废水中酸、碱量的平衡。中和池的容积应按1.5～2.0h的废水量考虑。

（二）药剂中和法

酸性废水的中和药剂有石灰、苛性钠碳酸钠、石灰石、电石渣、锅炉灰和软水站废渣等；碱性废水的中和药剂有硫酸、盐酸和酸性废气（例如烟道废气）等。中和药剂的投加量应按试验测定的酸碱中和曲线确定。

石灰为酸性废水最常用的中和剂，不仅可以中和任何浓度的酸性废水，而且生成的$Ca(OH)_2$还有凝聚作用。石灰投加方法有干投和湿投两种。干投法是将经粉碎的生石灰用振荡设备直接加入水中，而湿投法是将生石灰在消解槽内消解至40%～50%浓度后配成5%～10%的$Ca(OH)_2$乳液，经投加设备，加入水中与水混合。酸碱中和反应速度较快，混合和反应可在一个池内完成。池内设机械搅拌，反应2～4min。废水中含重金属离子时，反应时间宜按去除重金属离子的要求确定。

（三）过滤中和法

以石灰石、大理石（$CaCO_3$）、白云石等作滤料，让酸性废水通过滤层使水中和的方法，称为过滤中和法。常用的过滤设备有重力式中和滤池、升流式膨胀滤池、变速膨胀滤池和滚筒中和滤池。

重力式中和滤池的滤料粒径大（3～8cm），流速低（5m/h），废水自上而下通过滤料，设备简单，管理方便。但当废水中硫酸含量大时，易在滤料表面生成$CaSO_4$硬垢，阻碍反应的继续进行。处理硫酸废水时宜采用白云石作滤料。废水自下而上流过滤料，在高流速（60～70m/h）下，滤料呈悬浮状态，中和时生成的$CaSO_4$和CO_2被高速水流带出池外，同时由于滤料相互碰撞摩擦，有助于表面更新。此外，由于采用小粒径滤料（0.5～3mm），接触面积大大增加，所以这种滤池中和效果较好，在实际中得到广泛应用。

二、氧化还原

废水中有些无机和有机的溶解性杂质，可通过化学反应将其氧化或还原，转化成无害的物质，或转化成气体或固体从水中分离，达到处理的要求。对于无机物，氧化还原反应的实质是元素（原子或离子）失去或得到电子。在反应中，某一元素失去电子，必有另一元素得到电子。得到电子的物质称为氧化剂，在反应中本身被还原；失去电子的物质称为还原剂，在反应中本身被氧化。某物质是否表现出氧化性或还原性的作用，是由反应中两种物质的氧化还原能力的比较决定的。氧化还原能力是指某物质失去或得到电子的难易程度，可用氧化还原电位作为指标。

标准氧化还原电位值由负值到正值依次排列。凡排在前面的可以作为后者的还原剂，放出电子；凡排在后面的可以作为前者的氧化剂，得到电子。氧化剂和还原剂的电位差越大，反应进行得越完全。对于有机物的氧化和还原过程，难以用电子的得失来分析，因为碳原子经常是以共价键与其他原子相结合的。实际上，常将加氧或去氢的反应称为氧化过程，加氢或去氧的反应称为还原过程。有时候，有机物与强氧化剂作用生成CO_2、H_2O等，可定为氧化反应。

第三节　物理化学处理

一、吸附法

吸附法是利用多孔性的固体吸附剂将水样中的一种或数种组分吸附于表面，再用适宜溶剂、加热或吹气等方法将预测组分解吸，达到分离和富集的目的。吸附法是利用多孔性固体（吸附剂）吸附污水中某种或几种污染物（吸附

质）以回收或去除这些污染物，从而使污水得到净化的方法。在污水处理领域，吸附法主要用于脱除水中的微量污染物，应用范围包括脱色，除臭味，脱除重金属、各种溶解性有机物、放射性元素等。在处理流程中，吸附法可作为离子交换、膜分离等方法的预处理手段，可去除有机物、肢体物及余氯等，也可作为二级处理后的深度处理手段，以保证回用水的质量。

吸附是一种界面现象，发生在两个相界面上。在废水处理中，吸附属液——固相吸附。例如活性炭和废水接触，废水中的某些污染物质会从废水中转移到活性炭表面。由于溶质对水的疏水特性和溶质对固体颗粒的高度亲和力，溶质从水中移向固体颗粒表面，即发生吸附。溶质的溶解度越大向表面运动的可能性越小，溶质的憎水性越大，向吸附界面移动的可能性越大。吸附剂和溶质之间的作用力分为分子间力、化学键力和静电引力，吸附就是靠这三种作用力形成的。根据固体表面吸附力的不同，吸附可分为物理吸附、化学吸附和离子交换吸附三种类型。

（1）物理吸附：吸附剂和吸附质之间通过分子间力产生的吸附称为物理吸附。物理吸附是一种常见的吸附现象。是固体表面粒子（分子、原子或离子）存在分子间吸引力即分子力引起的，特点是被吸附物的分子不是附着在吸附剂表面固定点，而是能在界面上自由移动。可以形成单分子层吸附或多分子层的吸附。由于物理吸附是由分子间力引起的，吸附热较小。吸附不发生化学作用，低温下就能进行。被吸附的分子由于热运动还会离开吸附剂表面，这种现象称为解吸，是吸附的逆过程。降温有利于吸附，升温有利于解吸。因为分子间力普遍存在，所以一种吸附剂可吸附多种物质。由于吸附质性质的差异，某一种吸附剂对各种吸附质的吸附量不同，可认为物理吸附没有选择性。

（2）化学吸附是指溶质与吸附剂发生化学反应，形成牢固的吸附化学键和表面配合物，吸附质分子不能在表面自由移动。化学吸附时放热量较大，与化学反应的反应热相近，约为$84 \sim 120 kJ/mol$。化学吸附有选择性，即一种吸附剂只对某种或特定几种物质有吸附作用，一般为单分子层吸附。化学吸附通常需要一定的活化能，在低温时吸附速度较小。这种吸附与吸附剂的表面化学性质和吸附质的化学性质有密切的关系。

（3）交换吸附：溶质的离子由于静电引力作用聚集在吸附剂表面的带电点上，并置换出原先固定在这些带电点上的其他离子。吸附过程中每吸附一个吸质离子，吸附剂也放出一个等当量离子。离子的电荷是交换吸附的决定因素，离子所带电荷越多，在吸附剂表面的反电荷点上吸附力越强。

对比而言，物理吸附后再生容易，能回收吸附质；化学吸附结合牢固，再生较困难，需在高温下才能脱吸，脱吸下来的可能是原吸附质，也可能是新的物质；化学吸附处理毒性很强的污染物更安全。

二、离子交换法

离子交换是溶液中的离子与某种离子交换剂上的离子进行交换的作用或现象。借助于固体离子交换剂中的离子与稀溶液中的离子进行交换，以达到提取或去除溶液中某些离子的目的，是一种属于传质分离过程的单元操作。

离子交换是可逆的等当量交换反应。离子交换树脂充夹在阴阳离子交换膜之间形成单个处理单元，并构成淡水室。离子交换速度随树脂交联度的增大而降低，随颗粒的减小而增大。离子交换是一种液固相反应过程，必然涉及物质在液相和固相中的扩散过程。

水溶液中的一些阳离子进入反离子层，而原来在反离子层中的阳离子进入水溶液，这种发生在反离子层与正常浓度处水溶液之间的同性离子交换被称为离子交换作用。离子交换主要发生在扩散层与正常水溶液之间，由于黏土颗粒表面通常带的是负电荷，故离子交换以阳离子交换为主，故又称为阳离子交换。离子交换严格服从当量定律，即进入反离子层的阳离子与被置换出反离子层的阳离子的当量相等。

离子交换是应用离子交换剂（最常见的是离子交换树脂）分离含电解质的液体混合物的过程。离子交换过程是液固两相间的传质（包括外扩散和内扩散）与化学反应（离子交换反应）过程，通常离子交换反应进行得很快，过程速率主要由传质速率决定。离子交换反应一般是可逆的，在一定条件下被交换的离子可以解吸（逆交换），使离子交换剂恢复到原来的状态，即离子交换剂通过交换和再生可反复使用。同时，离子交换反应是定量进行的，所以离子交换剂的交换容量（单位质量的离子交换剂所能交换的离子的当量数或摩尔数）是有限的。

离子交换法在水处理中的应用主要是EDI技术，EDI（Electro-de-ionization）是一种将离子交换技术、离子交换膜技术和离子电迁移技术（电渗析技术）相结合的纯水制造技术。该技术利用离子交换深度脱盐，来克服电渗析极化而脱盐不彻底，又利用电渗析极化而发生水电离产生H和OH离子，实现树脂自再生来克服树脂失效后通过化学药剂再生的缺陷，是20世纪80年代逐渐兴起的新技术。经过十几年的发展，EDI技术已经在北美及欧洲占据了相当部分的超纯水市场。

EDI装置包括阴/阳离子交换膜、离子交换树脂、直流电源等设备。其中阴离子交换膜只允许阴离子透过，不允许阳离子通过，而阳离子交换膜只允许阳离子透过，不允许阴离子通过。离子交换树脂充夹在阴阳离子交换膜之间，形成单个处理单元，并构成淡水室。单元与单元之间用网状物隔开，形成浓水室。在单元组两端的直流电源阴阳电极形成电场。来水水流经过淡水室，水中的阴阳离子在电场作用下通过阴阳离子交换膜被清除，进入浓水室。在离子交换膜之间充填的离子交换树脂大大地提高了离子被清除的速度。同时，水分子在电场作用下产生氢离子和氢氧根离子，这些离子对离子交换树脂进行连续再生，使离子交换树脂保持最佳状态。EDI装置将给水分成三股独立的水流：纯水、浓水和极水。纯水（90%～95%）为最终得到水，浓水（5%～10%）可以再循环处理，极水（1%）排放掉。

EDI装置属于精处理水系统，一般多与反渗透配合使用，组成预处理、反渗透、EDI装置的超纯水处理系统，取代了传统水处理工艺的混合离子交换设备。EDI装置进水要求为电阻率为$0.025～0.5M\Omega \cdot cm$，反渗透装置完全可以满足要求。EDI装置可生产电阻率高达$15M\Omega \cdot cm$以上的超纯水。

三、萃取法

（一）基本原理

萃取法是利用与水不相溶或极少溶解的特定溶剂同废水充分混合接触，使溶于废水中的某些污染物质重新进行分配而转入溶剂，将溶剂与除去污染物质后的废水分离，从而达到废水净化和有用物质回收的目的。其实质是利用溶质在水中和溶剂中有不同的溶解度的性质。采用的溶剂称为萃取剂，被萃取的物质称为溶质，萃取后的萃取剂称为萃取液，残液称为萃余液。溶剂萃取若利用废水中各组分在溶剂中的溶解度不同而达到分离目的的，称为物理萃取。若利用溶剂和废水中某些组分形成络合物而达到分离目的的，称为化学萃取。

液液萃取属于传质过程，它的原理是基于传质定律和分配定律。

1.传质定律

物质从一相传递到另一相的过程称为质量传递过程，简称传质过程。以传质过程为理论基础的废水处理方法有：萃取、吹脱、汽提、吸附、离子交换、电渗析及反渗透等。当萃取剂与废水接触时，废水中溶质的浓度大于与萃取剂成平衡时所具有的浓度，此浓度差即为物质进行扩散的推动力，而溶质借扩散作用向萃取剂中传递，直至达到平衡为止。只有溶质在溶剂中的溶解度远大于其在水中的溶解度时，溶质才能从水中转入到溶剂中。这是一种传质的过程，推动力是废水中溶质的实际浓度与平衡浓度之差。

2.分配定律

某溶剂和废水互不相溶，溶质在溶剂和废水中虽然都能溶解，但其在溶剂中比在废水中有更高的溶解度。当溶剂与废水接触后，溶质在废水和溶剂之间进行扩散，溶质从废水传递到溶剂中，一直达到某一平衡为止，这个过程称为萃取过程。

稀溶液的实验表明，在一定温度和压力下，如果溶质在两相中以同样形式的分子存在的话，当达到平衡状态时，溶质在两液相中的浓度比为一个常数，这个规律称为分配定律。

（二）萃取的工艺设备

在萃取操作中，针对废水中需要回收或去除污染物的不同，选择萃取性能较好、反萃取再生比较容易的萃取剂和适宜的萃取剂浓度。操作流程可分为混合、分离和回收三个步骤。首先废水与萃取剂进行充分的混合接触，使废水的污染物转移到有机萃取剂中，然后利用密度差或其他物化性质，使萃取剂与废水完全分离，最后通过反萃取等手段，使萃取剂与污染物分开，萃取剂循环使用，同时萃取物回收使用。

按废水和萃取剂接触方式的不同，可将萃取操作分为间歇式和连续式两种。根据萃取剂与废水接触次数的不同，可将其分为单级萃取和多级萃取两种。后者又分为"错流"和"逆流"两种。

1.单级萃取

萃取剂与废水经一次充分混合接触，达到平衡后即分相，称单级萃取。这种操作是间歇的，一般在一个萃取罐内完成，其特点是设备简单、灵活易行。缺点是萃取剂消耗量大，大量废水进行萃取时，操作麻烦。所以这种方式主要用于实验室或少量废水的萃取过程。

2.多级逆流萃取（连续逆流萃取）

这种操作是将多次萃取操作串联起来，废水和萃取剂分别由第一级和最后一级加入，萃取相和萃余相呈逆流流动，逐级接触传质，萃取相和萃余相分别由两端排出。这种操作可以在混合沉降器中进行，也可在各种塔设备中进行。多级萃取只在最后一级使用新鲜的萃取剂，其余各级都与上一级萃取过的萃取剂接触，以充分利用萃取剂的能力。多级逆流萃取过程具有传质推动力大、分离程度高、萃取利用量少的特点。

萃取装置可分为罐式、塔式和离心式三类。无论哪一种装置都必须完成两相混合与分离的任务。

萃取法具有处理水量大、设备简单、便于自动控制、操作安全、快速等优点，可回收废水中的污染物质实现综合利用的目的，同时萃取剂经再生处理后可重复使用，处理成本相应降低。而在萃取和反萃取过程中，难免会有极少量的有机溶剂溶解或挟带在废水中，必须注意可能带来的二次污染。

采用萃取的方法能去除废水中难以生物降解或化学氧化的有机物，回收利用废水中的重金属离子及其他有用的组分。溶剂萃取处理低浓度废水时效果差，但适用于高浓度废水的处理，尤其适用于污染物浓度较高、难生物降解、用化学氧化或还原等处理时药剂消耗量大的工业废水。所以目前萃取法仅用于为数不多的几种有机废水和个别重金属废水的处理。

第四节 生物处理

一、动物修复

动物修复主要是利用水生动物对水体中有机和无机物质的吸收和利用来净化受污染的水体，一般是通过呼吸道、消化道、皮肤等途径。利用生态系统食物链中的蚌、螺、草食性浮游动物和鱼类，直接吸收营养盐类、有机碎屑和浮游植物，可取得显著的效果。

浮游动物主要包括原生动物和后生动物。污水处理中常见的原生动物有肉足类、鞭毛类和纤毛类；常见的后生动物有轮虫、甲壳类和昆虫及其幼体等。浮游动物能分泌有利于细菌凝聚的物质，并且本身在沉降过程中挟带细菌下沉，从而改善了污泥的沉降性能；浮游动物能吞食浮游植物和污泥碎片，并能活化细菌；浮游动物对毒物比细菌敏感，可对污水中的毒性起到监测作用。鱼类能够以浮游植物和浮游动物为食，有效地抑制后两者的过度繁殖，避免二次污染，使修复作用达到最佳效果。动物在水污染修复中主要起辅助作用，但它在处理污染物质的同时增加了经济效益及观赏效益，是传统生物修复的必要补充。

二、植物修复

利用植物对污染的水体进行修复已有较长的历史，早在20世纪50年代就有国外研究者发表了应用藻类去除污水中的氮磷营养的报道。植物修复主要是利用绿色植物来消除水体污染，通过植物的吸收、挥发、根滤、降解、稳定等作用实现净化水体的目的。植物不仅能有效地吸收水体中的营养物质，降解有毒污染物，富集重金属离子，还能提高水体的pH值和溶氧。

水污染植物修复技术主要包括根际过滤技术和植物转化技术。根际过滤技术是利用植物从污水中吸收、沉淀和富集污染物，适用于根际过滤技术的植物必须有较大的根系，最好是须根植物。植物转化技术是通过植物新陈代谢作用达到降解环境中污染物的目的，植物转化取决于污染物从水体中直接吸收和在植物器官中新陈代谢的积累，植物转化目前主要的应用领域包括石化产品污染、燃料溢出物污染、垃圾掩埋中的淋滤物等。

三、微生物修复

在进行水污染处理的过程中，微生物检测技术的应用，主要是对环境开展分析与合理的物理测定，不断提升生物检测工作的质量与效率。所谓微生物检测，就是利用微生物检测的方式，合理检测环境的实际污染状况，总结环境污染的数据信息，站在生物学的角度开展环境质量的实际考察工作，客观评价环境质量。生物的生长环境是大自然，因此可以及时的检测出危害因子，将环境的历史因素充分反映出来，不断提升微生物检测技术的实际应用效率及质量。与此同时，技术需要发挥化学与物理分析检测的技术，在明确微生物检测工作诸类关系的同时，弥补微生物检测中存在的不足。另外，在进行微生物检测时，微生物物理理论效用十分关键。因此在开展水污染处理工作的同时，微生物的相关检测工作可以将污水水质的实际变化状况迅速反映出来，及时的发现污水中存在的各种问题，获得准确的量化指标。在具体的工作中，有关技术可以对微生物检测技术的应用发挥有效地辅助作用，不断提升实际检测质量。微生物修复主要包括活性污泥法、生物膜法和微生物制剂投加法。

（一）活性污泥法

活性污泥法是一种好氧生物处理法。活性污泥是由许多细菌、微型动物和一些胶体物、悬浮物混杂形成的。在有氧条件下，利用污水中原有的有机污染物作为培养基，进行活性污泥的连续培养，再利用共吸附凝聚和氧化分解作用净化污水中的有机污染物。氮磷的化合物也能部分被去除。

活性污泥法的主要构筑物是曝气池和二沉池。污水与活性污泥进入曝气池混合，由于活性污泥的表面积大，且表面具有多糖类黏质层，在与污水接触的 3 ~ 5 分钟内，能够去除大部分有机物，悬浮物和胶体物质能被絮凝和吸附。同时进行曝气，使污水和活性污泥得到充分接触，并提供充足氧气，活性污泥中的微生物利用污水中一部分有机物进行合成代谢，并通过氧化分解另一部分有机物获取能量，最终形成二氧化碳和水等稳定物质，然后混合液进入二沉池。在二沉池中，生物修复过程基本完成。然后采用重力沉淀法，将新生菌体凝聚形成活性污泥沉降，活性污泥与澄清水分离后回流到曝气池，澄清水溢流排放，剩余污泥排除。

（二）生物膜法

生物膜法主要用于溶解性的和胶体状的有机污染物的去除，是一种与活性污泥法并列的好氧生物处理技术。生物膜是由高度密集的好氧菌、厌氧菌、原生动物以及藻类等组成的生态系统。自填料向外可分为厌氧层、好氧层、附着水层、运动水层。微生物在填料表面附着生长并形成高度亲水性物质，当污水流经表面时形成附着水层，附着水层内的有机污染物因膜内外的浓度差和水流的紊动而向膜内部扩散，好氧或兼氧微生物利用水中溶解氧氧化有机污染物进行生长繁殖，形成好氧层，而有机污染物则不断地被吸附和降解。随着微生物数量的增长，好氧层厚度不断增加，膜内外逐渐形成溶氧梯度。当膜厚增到一定程度后，在氧不能透入的膜内侧形成厌氧层，污水流经厌氧层，有机污染物被厌氧或是兼氧微生物降解或利用，从而实现污水的修复，最终形成的薄膜即为生物膜。

（三）微生物制剂投加法

菌剂投加法就是直接向受污染的水体中接入外源的高效降解菌，从而达到降解污染物、修复污染水体的目的。高效的降解菌可以从污染水体中直接分离获得，通过驯化培养可以提高菌株的活性，也可通过诱变、基因工程等技术来构建。

（四）微生物检测技术在水污染处理中的重要性

在进行水污染处理的过程中，对于相关的技术人员来说，需要充分重视生物检测技术的使用，在保证提升水污染处理工作效率与质量的同时，不断增强水污染处理工作的实际效果，提升水污染的实际处理工作质量。在发挥微生物检测技术对水污染问题的处理之后，可以有效降低水体中存在的各类致癌物质，保证水体的清洁性，增强水体的实际应用效果。同时还可以对发光细菌进行合理的检测，将微生物检测技术的作用发挥出来，提升工作效率与准确率。另外，将各种不健康的物质准确地分类，发现其中所包含的各类有害物质，合理制定最有效的检测类工作，以此不断提升水污染处理工作中微生物检测技术所隐藏的实际应用效果与质量。在水污染处理中发挥微生物检测技术的作用，能够检测出水体中存在的致病性细菌，依照水体检测的实际状况，实现检测工作体系的逐步优化。

四、联合修复

随着生物修复技术的发展，单一的修复技术已无法满足污水处理的需求，生物联合修复已得到了广泛的关注和应用。

人工湿地是通过对自然湿地的模拟，形成的人工生态系统，其净化机理独特而又复杂。利用污水——微生物——水生植物——水生动物复合生态系统的协同作用，通过过滤、吸附、沉淀、离子交换、植物吸收、微生物分解和动物消费来实现对污水的高效净化，是目前应用比较广泛的生物修复技术。近年来，我国将该技术广泛应用于城市污水处理和景观水体净化方面，并逐渐扩展至处理农业污水、暴雨径流和富营养化水体等。

第三章 能源开发利用的环境影响

第一节 能源开发利用与全球气候变化

一、气候变化对环境的影响

气候变化对环境的影响途径主要有以下几个方面：热浪、饥饿、洪水泛滥、流行病、沙漠化、粮食减产、动植物种群灭绝等。根据已有的成果，全球气候变化主要影响有以下几个方面：

（一）对水资源供求的影响

因区域和气候情景的不同，气候变化对河流径流量以及地下水回灌的影响也不同。多数影响预测中较为一致的结论为：至21世纪中期，高纬度地区和一些湿热地区年平均径流量和可获得的水源预计增长10%～40%，而目前已经存在水资源压力的中纬度地区和干热地区，如中亚、地中海、非洲南部和澳洲等水量将减少10%～30%。

随着气候变化的加剧，缺水地区范围和缺水人口数量将增加。目前全球约1/3人口生活在贫水的中亚、非洲南部以及地中海附近等国家和地区，按目前的人口增长趋势预测，到2025年，这部分人口将增加至50亿。气候变暖可能进一步减少缺水国家或地区的河流径流量和地下水补充量，而其他一些地区可能会增加。21世纪，以冰川和雪盖形式存储的水资源将减少，给以融化水为主要水源的高山地区带来严重影响，据统计，这些地区目前居住着约全球1/6的人口。

相对于对城市和工业用水的影响，气候变化对农业灌溉用水的影响更大，温度越高，植物蒸腾量越大，这就意味着未来灌溉用水量将要增加。气候变暖将增加许多地区强降水事件的发生频率，致使洪水发生的频率和规模也将增加。同时，水温升高以及含有废弃物的径流外溢将会造成水污染指数升高，尤其是河水径流下降的地区，水质恶化可能更为严重。

（二）对生态系统的影响

自然植被分布与物种组成可能发生明显变化。植被模型研究表明，气候变化将导致物种分布与组成发生重大改变：尽管生态系统可能不会发生整体迁移，但可能改变特定地区的物种以及优势种；淡水鱼类分布向极地迁移，喜冷、喜凉的鱼类数量减少，喜温性鱼类增加；土地利用变化破坏生物的栖息环境，各物种生存条件将继续恶化，多种动物已经面临很大的生存危险。如果缺乏适当的管理，会有更多的物种灭绝或进入"濒危和脆弱"的行列。

生物多样性将会减少。气候变化导致某气候因子超出物种的适应范围，该物种就会灭绝或成为脆弱物种，从而减少生物的多样性。随着气候变化速率和幅度的增加，受危害的地域范围，以及受影响的生态系统数目都会增加。据估算，如果全球平均气温升高1.5℃~2.5℃，20%~30%的物种将面临灭绝的风险。

近海生态系统受到破坏。气候变化造成的水温升高及海平面上升将对近海生态系统产生显著的影响，如红树林和珊瑚礁生态系统的出现。

（三）对社会经济的影响

不同地区的基准气候条件、自然、社会系统特征以及资源储备等不同，各地区气候变化的脆弱性也不同，即使在同一地区对不同人群脆弱性也存在差别。亚洲受气候变化的影响主要表现为：

气候变化将增加亚洲洪涝、干旱、森林火灾和热带气旋等极端气候出现的频率，降低许多温带和热带干旱国家或地区的农业和水产业生产能力，造成食品安全问题。预计21世纪中期，东亚和东南亚地区粮食产量将增加20%，而亚洲中部和南部地区将减少30%。同时，考虑到人口增长以及城市化的影响，几个发展中国家或地区遭受饥饿的风险仍然较大。总体来说，亚洲各发展中国家或地区适应气候变化的能力较低、脆弱性高，而发达国家或地区适应能力相对较强、脆弱性较低。预计气候变化将给亚洲多数发展中国家或地区的可持续发展带来负面影响。

由于气候变化，亚洲干旱和半干旱地区径流和水量将减少。亚洲中部、南部、东部以及东南亚地区，尤其是大的流域地带，可获得的淡水资源将减少；人口增长以及生活水平提高等因素又会增加对水的需求量，加剧水资源短缺问题，至2050年约10亿人的生活将受到严重影响。

由于气候变化，亚洲一些地区传染病将会扩散，对人体健康造成威胁。海平面上升可能导致生活在低海拔沿海地区的人们迁移，亚洲温带和热带降水强度增加可能增加洪水风险。气候变化会引起亚洲能源需求的增加。同时，由于土地利用变化和人口增长，气候变化将增加生物多样性面临的威胁。

小岛国可能是受气候变化影响最大的国家，对气候变化、海平面上升和极端事件的脆弱性高，适应能力很低。海平面上升，可能会造成小岛国侵蚀、土地和财产的损失、人类迁移加剧、风暴潮的风险增加、沿海生态系统恢复能力降低、海水倒灌，以及应对这些变化需要高额费用。

小岛国水资源供应有限，气候变化对水资源平衡的影响极度脆弱，预计至21世纪中期，气候变化将减少多数小岛的水资源，如加勒比海和太平洋岛屿等，在非雨季可能不能满足对淡水资源的需求。

小岛国耕地数量有限而且土地盐碱化严重，其粮食生产和出口对气候变化极度敏感。

（四）对农业的影响

地球将出现更多的反常气候，出现异常的干旱、洪水、酷热或严冬、暴风雪或飓风，必将导致更多的自然灾害，造成农作物减收，病虫害流行，鱼类和其他水产品减少。温室效应也将使降水量、土壤湿度发生变化，当大气中CO_2含量倍增时，整个北半球除40~50纬度带雨量减少外，其他地区都有增加趋势，我国年降雨量将平均增加146.4mm，夏季降水量增加大于冬季，土壤湿度变化复杂。

CO_2倍增对农业产生的正影响可分为两个方面：

（1）直接效应，使光合作用率增加，对光合作用有利。

（2）气温变暖使得农作物生长期延长，植物生长率有所提高，但杂草也增多，增加了除草劳力和除草剂的投入，增加农民负担。

因温室效应引起农作物产量下降，挨饿的人数将增加10%～50%，其中非洲饥民增加最多，使世界的饥民队伍大大增长。

（五）对人类健康的影响

气候变化可能造成传染性疾病增加，危害人体健康。一些靠病菌、食物和水传播的传染性疾病对气候状况变化十分敏感。多数模型的模拟结果表明，在气候变化情景下，疟疾和登革热传播的地理范围可能会有小幅度增加。尽管一些区域性疾病在气候变化下会出现减少的现象，但在目前的分布范围内，这些传染病和许多其他传染病在地理分布和季节分布上却有增加的趋势。传染病的发生是受当地环境条件、社会经济状况和公共健康设施条件的影响。

由于全球气候变暖与环境变化，可以导致传染病病原体的存活变异、动物活动区域变迁等。如随着全球气候的变暖，病原体（尤其是病毒）将突破其寄生、感染的分布区域，形成新的传染病。还会出现某种动物病原体（尤其是病毒）与野生或家养动物病原体之间的基因交换，致使病原体披上新的外衣，从而躲过人体的免疫系统引起新的传染病等。

气候变化将伴随热浪的产生，空气湿度和污染程度会有一定的增加，会造成与热浪有关的死亡率增加和流行病的产生。城镇人口尤其是老人、病人等受热浪的影响较大。

气候变化还可能造成洪涝灾害，增加溺死、暴发腹泻和呼吸疾病的风险，在不发达地区还存在增加饥饿和营养不良的风险。如果区域性气旋数量增加，则会造成灾难性影响，尤其是对居住稠密、资源短缺的人群地区。气候变化造成的不利影响，对脆弱的低收入人群最为严重，主要集中在热带和亚热带的国家或地区，不发达地区相对于发达地区人体健康受气候变化的影响更大。

（六）对自然灾害的影响

由于气候变暖，温度升高、干旱、洪涝等异常天气发生的频率还将增加；气候变化可能会造成降水强度的增加，洪水以及泥石流灾害的发生，也增加了沿海地区海平面上升的风险。水资源、能源和基础设施、废弃物处理和交通等重大环境问题，在高温或降雨量增加等情况都将会恶化。

气候变化对人类的居住设施也将产生重大影响，通过影响资源生产力或市场对物品和服务需求的变化，影响支持人类居住的经济部门、基础设施等，进而影响到人类居住的环境。

二、全球气候变化的原因

大气中温室气体和气溶胶的浓度、地表覆盖率和太阳辐射的变化改变了气候系统的能量平衡，从而成为气候变化的驱动因子。这些变化影响大气中和地表对辐射的吸收、散射和漫射。由于这些因子导致能量平衡产生正或负的变化用辐射强迫表示，辐射强迫用于比较对全球气候产生的变暖或变冷的影响。

人类活动导致四种长生命期温室气体的排放：CO_2、甲烷（CH_4）、氧化亚氮（N_2O）和卤烃（一组含氟、氯或溴的气体）。当排放大于清除时，大气中温室气体浓度则增加。

气溶胶（非常小的气粒或液滴）对地气系统的辐射收支有重要影响。气溶胶的辐射效应主要在两个不同方面：其一，直接影响。气溶胶本身散射和吸收太阳辐射以及红外热辐射；其二，间接影响。气溶胶改变云的微物理特性，进而对云量的大小和云的辐射特性有所影响。气溶胶是由不同的过程产生的，其中包括自然过程（例如沙尘暴，火山爆发）和人为过程（例如化石燃料及生物质燃烧）。

大气中对流层气溶胶的浓度在最近几年由于人类活动的排放（既有气溶胶本身的排放，也有其前体物的排放）而有所增加，从而使得辐射强迫增加。大多数气溶胶存留在低对流层（几公里以下），但许多气溶胶的辐射特性对垂直分布非常敏感。气溶胶在大气中参与物理和化学反应，特别是在云中。它们主要是在降雨过程中迅速被清除（一周之内）。因为气溶胶的短寿命以及源的分布不均匀，它们在对流层的分布很不均匀，其中极大值都在源附近。气溶胶的辐射强迫不仅依赖于它们的空间分布，而且依赖于它们的粒子大小、形状、化学组成以及水循环中的其他因子（如云的形成）。从观测试验和理论的角度看，考虑所有的因子，给出气溶胶辐射强迫的精确估计十分具有挑战性。

第二节　能源开发利用与硫氧化物

一、硫氧化物的危害

硫氧化物是硫的氧化物的总称。通常硫有4种氧化物，即二氧化硫（SO_2）、三氧化硫（SO_3，硫酸酐）、三氧化二硫（S_2O_3）、一氧化硫（SO）；此外还有两种过氧化物：七氧化二硫和四氧化硫。大气中的硫氧化物主要指二氧化硫和三氧化硫。硫氧化物的混合物用SO_x表示，都是呈酸性的气体。SO_2是目前大气污染物中排放量大、危害严重、影响面广的污染物质，主要来自含硫燃料的燃烧、金属冶炼、石油炼制、硫酸（H_2SO_4）生产和硅酸盐制品焙烧等。

SO_2是无色具有刺激性的气体，密度是空气的2.26倍；在水中具有一定溶解度，能与水和水蒸气结合形成亚硫酸，腐蚀性强；一定条件下可被进一步氧化成为三氧化硫。

SO_2在大气中只能存留几天，除被降水冲刷和地面物质吸收一部分外，都被氧化为硫酸雾和硫酸盐气溶胶。SO_2在大气中氧化机制复杂，大体归纳为两个途径：SO_2的催化氧化和SO_2的光化学氧化。

硫氧化物的危害包括SO_2的危害作用，更严重的是SO_2与其他污染物的协同效应和二次污染物的危害。它不仅危害人体健康和植物生长，而且还会腐蚀设备、建筑物和名胜古迹。

SO_2对人体健康的影响是通过呼吸道吸入并被水分吸收阻留变为亚硫酸、硫酸和硫酸盐，首先刺激上呼吸道黏膜表层的迷走神经末梢，引起支气管反射性收缩和痉挛，导致咳嗽和呼吸道阻力增加，接着呼吸道的抵抗力减弱，诱发慢性呼吸道疾病，甚至引起肺水肿和肺心性疾病。

SO_2对植物的影响也很大，一般植物对SO_2的耐受力较弱。SO_2的侵害作用可使作物减产，如水稻在扬花期受其危害最严重，减产可达86%；也会造成森林大片死亡，如落叶松、马尾松森林易于受害。另一类树如槐树、梧桐、棕榈等则对

SO$_2$耐受力较强，可用于绿化污染源附近的环境，并能吸收部分SO$_2$。还可利用植物耐受SO$_2$的能力作环境监测的辅助手段，如隐花植物地衣、苔藓，在SO$_2$浓度年均（0.015～0.105）mg/L范围内即会死亡。

二、各种能源中硫氧化物的形成

（一）煤炭

煤炭是古代植物埋藏在地下经历了复杂的生物化学和物理化学反应逐渐形成的固体可燃矿物，主要由植物遗体经生物化学作用和地质作用转变而成。煤炭作为一种燃料，早在800年前就已经开始使用。煤被广泛用于工业生产是从18世纪末的产业革命开始的。煤用作工业生产的燃料，给社会带来了巨大生产力，推动了化工、采矿、冶金等工业的发展。煤炭热值高，标准煤的发热量为30MJ/kg。煤炭在地球上的储量丰富，分布广泛，比较容易开采，因而被广泛用作各种工业生产中的燃料。

判别煤质优劣的指标很多，其中最主要的指标为煤的灰分和硫分。一般陆相沉积煤的灰分、硫分普遍较低；海陆相交替沉积煤的灰分、硫分普遍较高。煤的伴生元素很多，锗、镓、铀、钒等可被利用，属于有益元素；而硫、磷、氟、氯、砷、汞、硒等属于有害元素。硫是煤中常见的有害成分，有四种形态，即黄铁矿硫、硫酸盐硫、有机硫和元素硫。

煤的含硫量称为全硫。其中硫铁矿硫、有机硫、元素硫是可燃硫，硫酸盐硫是不可燃硫。可燃硫是灰分组成的一部分。煤炭可按含硫量分为：低硫煤含硫低于1.5%；中硫煤含硫量1.5%～2.5%；高硫煤含硫2.5%～4.0%；富硫煤含硫高于4.0%。我国煤的含硫量多数为0.5%～3.0%，已探明储量中，硫分低于1%的低硫煤约占65%～70%。华北、华东浅层煤硫分低，深层煤硫分高。南方各煤田，包括西南和江南的煤田，除滇东各矿烟煤外，硫分一般都较高。

（二）石油

石油也称原油，是一种黏稠的、深褐色的液体。石油的性质因产地而异，密度为0.8～1.0g/cm^3，黏度范围很宽，凝固点为−60℃～30℃，沸点范围为常温到500℃以上，可溶于多种有机溶剂，不溶于水，但可与水形成乳状液。石油的化学成分主要有碳（83%～87%）、氢（11%～14%）、氧（0.08%～1.82%）、氮（0.02%～1.7%）、硫（0.06%～0.8%）及微量金属元素（镍、钒、铁、锑等）。由碳和氢化合形成的烃类是石油的主要组成部分，占95%～99%。

含硫、氧、氮的化合物属于有害物质，在石油加工中应尽量除去。不同油田的石油的成分差别很大。石油主要被用作燃油和汽油，是目前世界上最重要的一次能源之一。

石油中含的硫绝大部分以有机硫形式存在。此外，石油中大部分氮、氧、硫都以胶状沥青状物质形态存在，它们是一些分子质量大，分子中杂原子不止一种的复杂化合物。石油中的沥青质集中在渣油中，渣油可直接做燃料油或脱沥青后做燃料油。

石油中硫的含量一般为0.1%～7%。我国已开采的油田大都含硫量不高，大庆原油含硫低于0.5%，胜利原油含硫为0.5%～1%，均属中低硫原油。中东地区的原油一般含硫较高。原油中约有80%的硫含于重质馏分中。用直馏法获得的渣油（燃料油），其含硫量一般为原油的1.5～1.6倍或更高。

（三）天然气及油田伴生天然气

天然气是一种多组分混合气体，主要成分是烷烃，其中甲烷占绝大多数，另有少量的乙烷、丙烷和丁烷，此外还含有硫化氢、二氧化碳、氮、水气和微量的惰性气体。在标况下，甲烷至丁烷以气体状态存在，戊烷以上为液体。天然气的燃烧产物对人类呼吸系统健康有影响的物质极少，产生的二氧化碳为煤的40%左右，产生的二氧化硫也很少。天然气燃烧后无废渣、废水产生，相较于煤炭、石油，具有使用安全、热值高、洁净等优势。天然气中的硫主要是硫化氢。

三、能源利用中的脱硫技术

（一）沸腾燃烧脱硫

沸腾燃烧是利用风室中的空气将固定炉箅或链条炉排上的灼热料层（主要是灰粒）吹成沸腾状态，使其与煤粒一起上、下翻滚燃烧的方法，又称流化床燃烧。这种燃烧方式得到了广泛的应用。它主要有以下两方面的特点：

（1）燃料的适应性广，包括低发热量、高灰分和高水分的劣质燃料，如泥煤、褐煤及具有相当发热量的煤矸石等。对于充分利用劣质燃料，改善燃料供给平衡有重要的意义。

（2）能够控制燃烧过程产生污染物的排放，有利于环境保护。在燃烧过程中，直接向沸腾床中加入石灰石或白云石，其分解产物CaO在炉内产生脱硫反应，这对燃烧高硫煤的污染控制有重要的意义。

将煤或半焦的煤粉加工成煤砖、煤球、蜂窝煤形状的型煤，根据含硫量在型煤中加入一定量的固硫剂，可以在燃烧过程中同时脱硫。型煤可用于民用燃料以及工业锅炉、造气、铸造及炼铁等方面。

型煤固硫剂可用廉价的石灰（同时又是黏结剂），黏结剂可用电石渣（与石灰作用相同）、焦油沥青、黄泥、纸浆废液等。燃烧型煤还可大大减少烟尘，并节能20%～30%。

（二）低浓度二氧化硫烟气的脱硫

根据SO_2的含量不同，烟气可分为高浓度烟气和低浓度烟气。一般SO_2含量高于2%的称为高浓度SO_2烟气，主要来自硫化矿焙烧和有色金属的冶炼。高浓度烟气中的SO_2是采用通常的催化氧化法制取硫酸。SO_2含量低于2%的（大多为0.1%～0.5%）称为低浓度烟气，主要来自化石燃料燃烧的排放。冶金过程也排放低浓度SO_2烟气，如炼铁厂烧结烟气、某些铅精矿的烧结烟气、炼铜反射炉烟气等。

由于烟气中SO_2浓度较低，气量又很大，因此目前还没有一种在任何情况下都适用的脱硫方法。烟气脱硫是一个十分典型的化工过程，采用不同的碱性脱硫剂，就构成不同的脱硫方法。比如，以石灰石为基础的钙法，脱硫产品为石膏渣和二氧化碳温室气体；以合成氨为基础的氨法，脱硫产品为硫铵化肥。因此，钙法一般归结为资源抛弃法，而氨法归结为资源回收法。早期烟气脱硫多采用的技术有湿法、半干法和干法等，近期发展的则有生物法、负载催化法及电化学法等。这些方法在技术性、可操作性及经济性等方面均有一定的可取之处。

（三）湿式脱硫技术研究新动向

近期内，发展和完善湿式脱硫技术和装备仍是我国烟气脱硫技术研究的重点。目前主要研究方向和成果有：

（1）改善气液接触条件，增加接触面积，改善传质条件。目前有一些工艺借鉴了化工领域中的高效传质技术和装备，如旋流板塔、泡沫塔。

（2）研究采用高效的液相脱硫反应催化剂，如含铁、含锰催化剂，进一步强化传质，提高脱硫效率。

（3）研究新型的防腐材料、防结垢材料及其在脱硫装置中的内衬技术，湿式脱硫系统各部位的合理选材是解决腐蚀问题的主要方法。承受高温腐蚀、磨损较快的部位可考虑采用麻石、陶瓷或改性高硅铸铁；承受中低温和腐蚀、磨损不甚严重的部位，可采用防腐防磨涂料做表面防护处理。

（4）解决烟气带水问题也是改进湿式脱硫技术的主要内容之一。烟气带水是湿式脱硫除尘器中最常见的共性问题，烟气带水会导致烟道腐蚀引风机叶轮粘灰，严重时发生风机震动。一般控制烟气带水的措施有：在设备设计时尽可能选择较低的烟气上升速度；设备顶部距布水处要有一定的高度；必要时装设脱水效率高的脱水器。

（5）脱硫副产物的利用问题。

（四）半干法脱硫

湿法脱硫虽效率高，但废液不易处理，增湿降温后的烟气不易排放扩散。干法脱硫虽然投资运行费用低，但脱硫效率也低。半干法烟气脱硫是湿法与干法的结合、工况最优化的方法，近年来逐渐成为国内外研究的热点。所谓半干法，其工艺特点主要是利用特殊的反应器在潮湿的氛围下，增强反应物之间的接触，从而提高脱硫效率。其最终产物通常为干粉状。若使用袋式除尘器，可使脱硫效率提高10%。半干法脱硫包括喷雾干燥法脱硫、循环流化床烟气脱硫、半干半湿法脱硫、粉末—颗粒喷动床脱硫、烟道喷射脱硫等。

第三节　能源开发利用与氮氧化物

一、氮氧化物的来源及危害

氮氧化物来源主要是自然形成及人类活动产生，其中自然形成的氮氧化物能与大气形成平衡，不需治理，而人类活动产生的氮氧化物废气，每年排放到大气中的总量在持续增长。氮氧化物有毒性，不仅能对人类的呼吸系统产生损伤，引起肺气肿等疾病，对植物也有损害。目前大气污染已不仅仅局限在某个区域内，随着污染越来越严重，大气污染已成为全球性的问题，大气污染直接影响着各国的民众及地球的环境。近年来，全球气温普遍升高，所形成的温室效应即是大气污染所引起的。同时，南北极臭氧层的受破坏程度越来越严重，我国各地出现了酸雨现象等。大气污染所造成的损害呈不断上升的发展趋势，随着大气污染的严重，人们越来越重视到治理大气污染的重要性。氮氧化物每年全球直接排入大气中的就有三千万吨之多，同时还在呈不断上升的趋势，这些氮氧化物不仅诱发化学烟雾，同时也是形成酸雨的主要原因。目前氮氧化物的治理问题已成为全球共同关注的热点，环境保护机构不断加大研究力度，从而保证大气中的氮氧化物得以控制，减少对大气的污染。

（一）工业生产

工矿企业如火力发电厂、钢铁厂、炼焦厂等及各种窑炉、炉灶、取暖锅炉等燃料燃烧过程中均会向大气中排放大量的氮氧化物，从而导致大气中氮氧化物含量增加。各类工业企业在原材料的生产、运输、粉碎及加工过程中，也会有一定量的氮氧化物产生排放到大气中。

（二）农业生产

目前农业生产中大量的施用氮肥，也是造成大气中氮氧化物的来源之一。氮肥可以直接通过土壤或在土壤微生物的作用下进入大气当中，增加大气中氮氧化物的含量，增加大气中氮氧化物污染的程度。

二、能源开发中的氮氧化物的控制技术研究

烟气脱硝技术是目前全球采用最多的氮氧化物处理技术，应用烟气脱硝可以在源头去实现氮氧化物的处理。同时，还有还原法和非催化性的还原法，SCR技术也能够使脱硝率达到90%。近些年也出现了一些新型的方法，如选择性的催化氧化法及低温的等离子体法。

（一）选择性的催化还原法

选择性的催化还原法最先是由美国的一家企业研制出来，之后在日本的工业市场中得到广泛的推广。目前该技术也是国内应用最广的技术。SCR技术主要是在催化剂的作用下，使用氨水直接与烟尘中的部分氮氧化物反应生成氮气。用这种方法需要工作人员选择优良的催化剂，如果烟气中的成分比较复杂，就会容易造成选用催化剂失活。SCR的催化剂对硫和水比较敏感，直接影响到催化剂的使用时间，而且也会使脱硝的成本进一步提高。在应用SCR技术时，使用催化剂包含了氨气，这些大多数都是一些有毒的物质，如果保存不当就会产生二次污染。

（二）选择性的非催化还原法

选择性的非催化还原法（SNCR法）应用比较早，而且也相对比较广泛，该技术在工业生产领域应用的比较成熟。SNCR法原理是在催化剂下，给锅炉内喷洒氨水或者投放尿素，这些都具有氨基基团。以此作为氮氧化物处理的环境，再次进行物化反应。之后，烟尘气体内部的部分氮氧化物就会直接反应生成氮气和水。SNCR主要是投资资金较少，占地面积不大，但是这种技术也存在许多缺点。用这种方法不会使用催化剂，但在反应时要求锅炉内的温度较高，同时，需要提供大量的热量，SNCR技术一般指应用于那些小型的燃煤锅炉，而且这些锅炉内部的氮氧化物的含量不高。

（三）选择性的催化氧化法

在当今社会中，有很多的脱硝技术，但是在国内应用效果较好的是SCR技术，这种技术适用于高层高温的环境。由于烟尘的磨损，杂质飞灰的冲刷及在高温的环境下，就会导致部分催化剂被烧结而产生失活问题，这会进一步地压缩催化剂使用寿命，而且也会使反应速度降低。应用的金属氧化物催化剂价格一般都比较昂贵，在脱硝时，需要反应温度较高，而且不能开展二次的利用，同时也会形成一定的污染。因而，选择性的催化氧化技术就被发明出来，该技术原理主要是应用一定的催化剂，然后喷洒于正在燃烧时排放出来的部分烟气中。

部分氧气作为氧化剂之后，再与一氧化氮进行反应，此时就会在氧气作用下而形成二氧化氮。但是由于二氧化氮是一种酸性气体，会对这些气体进行吸收，这样就会达到除去氮氧化物的目的，进而实现净化烟尘的效果。SCR的工艺技术消耗的能源较少，而且脱硝效率比较高。在没有催化剂的环境下，也能够被空气中的部分氧气氧化，生成二氧化氮。在烟尘中，一氧化氮浓度不高会延迟一氧化氮的反应速度，要添加一定的催化剂来提升氧化的效率。因为一氧化氮的氧化反应比较特殊，随着温度升高，反应速度反而会逐步下降，就需要添加一定量的催化剂来提高反应效率，还可以将温度控制在合适的范围内。应用SCR技术在氮氧化物的反应时，在高温的状况下，就会导致运营成本激增，但SCR化学反应过程比较稳定，而且运行成本不高，不会产生二次的化学污染，再配合应用湿法的吸收工艺技术，这就会使脱硝的效率会达到近99%，以此可以实现科学地利用硫元素和氮元素资源。

（四）低温等离子体法

低温等离子技术在常温下使氮化物能够快速地分解，例如在烟气的脱硝期间，低温等离子技术可以抽取多种污染物，而且也会减少二次污染物的生成，实现提高净化烟气的目的。因此，该技术也是当前一种新型的脱硝技术，但是该技术在应用时，还有许多问题。该技术的脱硝反应效率不高，产物分布较多。等离子体法最重要的特征就是应用一些催化剂来加速反应的效率，而且也会抑制一些复杂化学反应，逐步去改善目标产物的选择性，因而需要将低温等离子体和催化技术相融合，才能够提高脱硝的效率。

三、燃烧过程中 NOx 的产生机理

燃烧过程产生的NO_x主要有NO和NO_2，另外还有少量的N_2O。在煤的燃烧过程中，NO_x的生成量与燃烧方式特别是燃烧温度和过量空气系数等密切相关。按生成机理分类，可分为燃料型、热力型和快速型三种。

（一）燃料型 NOx

不同油种的含氮量相差较大，从不足万分之一到1.2%，油中的氮以含N的链状碳氢化合物形式存在。煤中氮在0.4%～2.9%之间，以环状含氮化合物如吡啶、喹啉、蚓噪等形式存在。

燃烧时，空气中的氧与氮原子反应生成NO，NO在大气中被氧化为毒性更大的NO_2。这种燃料中NO_2经热分解和氧化反应而生成的成为燃料型NO_x。煤燃烧产生的NO_x中，75%～95%是燃料型NO_x。

对于电厂动力燃料煤炭而言，燃料氮向NO_x转化的过程可分为三个阶段：首先是有机氮化合物随挥发分析出一部分；其次是挥发分中氮化物燃烧；最后是焦炭中有机氮燃烧，挥发有机氮生成NO的转化率随燃烧温度上升而增大。当燃烧温度水平较低时，燃料氮的挥发分份额明显下降。燃料型NO_x的生成量与火焰附近氧浓度密切相关。通常在过剩空气系数小于1.4条件下，转化率随着O_2浓度上升而呈二次方曲线增大，这与热力型NO_x不同，燃料型NO_x生成过程的温度较低，且在初始阶段，温度影响明显，而在高于1400℃之后趋于稳定，燃料型NO_x生成转化率还与燃料品种和燃烧方式有关。

（二）热力型 NOx

热力型NO_x是指空气中的N_2与O_2在高温条件下反应生成NO_x。温度对热力型NO_x的生成具有决定性作用。随着温度的升高，热力型NO_x的生成速度迅速增大。

当温度低于1350℃时，几乎不生成热力型NO_x，且与介质在炉膛内停留时间和氧浓度平方根成正比。热力型NO_x的生成是一种缓慢的反应过程，温度是影响NO_x生成最重要和最显著的因素，其作用超过了O_2浓度和反应时间。随着温度的

升高，NO_x达到峰值，然后由于发生高温分解反应而有所降低，并且随着O_2浓度和空气预热温度的增高，NO生成量存在一个最大值。当O_2浓度过高时，由于存在过量氧对火焰的冷却作用，NO_x值有所降低。因此，尽量避免出现氧浓度、温度峰值是降低热力型NO_x的有效措施。

（三）快速型 NOx

碳氢化燃料在富燃料燃烧时，反应区附近会快速生成NO_x。它是燃料燃烧时产生的烃（CH、CH_2、CH_3及C_2）离子团撞击燃烧空气中的N_2生成HCN、CN，再与火焰中产生的大量O、OH反应生成NCO，NCO又被进一步氧化成NO。此外，火焰中HCN浓度很高时存在大量氨化合物（NH_i），这些氨化合物与氧原子等快速反应生成NO。

快速型NO_x类似于热力型NO_x，但其反应机理却和燃料型NO_x相似，当N_2和CH_i反应生成HCN后，两者的反应途径则完全相同。它在CH_i类原子团较多、氧气浓度相对较低的富燃料燃烧时产生，多发生在内燃机的燃烧过程中。对于燃煤锅炉，快速型NO_x与燃料型NO_x及热力型NO_x相比，其生成量要少得多，一般占总NO_x的5%以下。快速型NO_x是与燃料型NO_x缓慢反应速度相比较而言的，快速型NO_x生成量受温度影响不大，而与压力成0.5次方比例关系。

四、光化学烟雾

（一）光化学烟雾的概念和形成条件

大气中的氮氧化物（NO_x）和碳氢化合物（HC）等一次污染物在阳光照射下发生一系列光化学反应，生成O_3、PAN、高活性自由基、醛、酮等二次污染物，人们把参与反应过程的这些一次污染物和二次污染物的混合物（气体和颗粒物）所形成的烟雾污染现象，称为光化学烟雾。

光化学烟雾的形成必须具备一定的条件，如前体污染物、气象条件、地理条件等。

1.污染物条件

光化学烟雾的形成必须要有NO_x、碳氢化合物等污染物的存在。

2.气象条件

光化学烟雾发生的气象条件是太阳辐射强度大、风速低、大气扩散条件差且存在逆温现象等。

3.地理条件

光化学烟雾大多数是处在比较封闭的地理环境中，这样就造成了NO_x、碳氢化合物等污染物不能很快地扩散稀释，容易产生光化学烟雾。

（二）光化学烟雾的形成机理

光化学烟雾的主要污染物是NO及HC，在光照条件下，它们发生光化学反应及其他复杂的热化学反应，产生了二次污染物二氧化氮、氧化剂及有机气溶胶等。经现场实测，在光化学烟雾中发现氮氧化物、碳氢化合物、醛类及氧化剂（臭氧、PAN等）的浓度变化有其一定的规律。一次污染物HC及NO在早晨交通繁忙时刻的浓度达到最大。日出后（上午7点钟以后），在光照条件下，NO逐渐向NO转化，出现NO_2浓度下降而NO_2浓度上升的现象，O_3和醛类的最大浓度出现在太阳光最强的中午。二次污染物PAN（过氧乙酰硝酸酯）浓度随时间的变化同O_3和醛类相似。

（三）光化学烟雾的危害

人和动物受到光化学烟雾的伤害后，眼睛和呼吸道黏膜就会受到强烈的刺激，引起眼睛红肿、视觉敏感度、视力降低以及喉炎、感觉头痛、呼吸困难，严重的还可诱发淋巴细胞染色体畸变，损害酶的活性，出现溶血反应，长期吸入氧化剂会影响体内细胞的新陈代谢，加速衰老。

植物受到光化学烟雾损害后，表皮开始褪色，呈蜡质状，经一段时间后，色素发生变化，叶片上出现红褐色斑点。PAN使叶子背面呈银灰色或古铜色，影响植物的生命，降低植物对病虫害的抵抗力。

光化学烟雾还造成了酸雨的形成，并使染料、绘画褪色，橡胶制品老化，织物、纸张变脆等。除上述直接危害外，光化学烟雾由于其特征是呈雾状，能见度低，导致车祸增多，直接和间接的损失无法估量。

五、能源开发中大气酸沉降及其环境效应

（一）大气酸沉降

狭义上的大气酸沉降，是指pH值≤5.6的降水。事实上，大气酸沉降有两种形式，分别为干沉降过程和湿沉降过程。干沉降是指气溶胶及其他酸性物质直接沉降到地表的现象。其中的气态酸性物质（如二氧化硫、二氧化氮、硝酸、盐酸等）可被地表物体吸附或吸收，而硫酸雾、含硫含氮的颗粒状酸性物质经扩散、惯性碰撞或受重力作用最后降落到地面的过程；湿沉降过程是指大气酸性物质通过雨滴、雪片等水汽凝结体降落到地面从大气中消失的过程，酸雨是其中最常见的。

我国降水中的主要致酸物质是硫酸根和硝酸根，其中硫酸根是硝酸根离子浓度的5~10倍，远高于欧洲、北美和日本的比值。因此，我国酸雨是典型的硫酸性酸雨，这是因为我国的矿物燃料主要是煤，且煤中的含硫量较高，成为大气中硫的主要来源。而硝酸则来自燃煤、汽车大量排放的氮氧化物。

（二）大气酸沉降的环境效应

1.对水生生态系统的影响

酸沉降可造成江、河、湖泊等水体的酸化，致使生态系统的结构与功能发生紊乱。水体的pH值降到5.0以下时，鱼类的繁殖和生长会受到严重影响。水体酸化还会导致水生物的组成结构发生变化，耐酸的藻类、真菌增多，有根植物、细菌和浮游动物减少，有机物的分解率会降低。流域土壤和水体底泥中的金属（例如铝）可被溶解，进入水体毒害鱼类。

在我国还没有发现酸沉降造成水体酸化或鱼类死亡等事件，但在全球酸雨危害最为严重的北欧、北美等地区，有相当一部分湖泊已遭到不同程度的酸化，造成鱼虾死亡，生态系统遭到破坏。例如，挪威南部5000个湖泊中，有近2000种鱼虾绝迹。加拿大的安大略省已有4000多个湖泊变成酸性，鳟鱼和鲈鱼已不能生存。

2.对土壤的影响

酸沉降可使土壤的物理化学性质发生变化，加速土壤矿物如Si、Mg的风化和释放，使植物营养元素特别是K、Na、Ca、Mg等产生淋失，降低土壤的阳离子

交换量和盐基饱和度，导致植物营养不良。酸雨还可以使土壤中的有毒有害元素活化，特别是富铝化土壤，在酸雨作用下会释放出大量的活性铝，造成植物铝中毒。同时酸性淋洗可导致土壤有机质含量下降。受酸雨的影响，土壤中微生物总量明显减少，其中细菌数量减少最显著，放线菌数量略有下降，而真菌数量则明显增加（主要是喜酸性的青霉、木霉）。固氮菌、芽孢杆菌等参与土壤氮素转化和循环的微生物也会减少，使硝化作用和固氮作用强度下降，其中固氮作用强度降低80%，氨化作用强度减弱30%~50%，从而使土壤中氮元素的转化与平衡遭到一定的破坏。

3.对植物的影响

酸雨沉降到地表，将对植物造成损害：酸雨进入土壤后改变了土壤理化性质，间接影响植物的生长；酸雨直接作用于植物，破坏植物形态结构、损伤植物细胞膜、抑制植物代谢功能。酸雨可以阻碍植物叶绿体的光合作用，还会影响种子的发芽率。

酸雨对森林产生的危害最大，其对树木的伤害首先反映在叶片上，树木不同器官的受害程度为根>叶>茎。通过贵州、四川的马尾松和杉木的调查资料表明，降水pH值<4.5的林区，树林叶子普遍受害，导致林木的胸径、树高降低，林业生长量下降，林木生长过早衰退。我国的西南地区、四川盆地受酸雨危害的森林面积最大，约为27.56万平方千米，占林地面积的31.9%。四川盆地由于酸雨造成了森林生长量下降，木材的经济损失每年达1.4亿元，贵州的木材经济损失为0.5亿元。

4.对建筑物和文物古迹的影响

酸雨能与金属、石料、混凝土等材料发生化学反应或电化学反应，从而加快对楼房、桥梁、历史文物、珍贵艺术品、雕像的腐蚀。我国故宫的汉白玉雕刻，敦煌壁画，埃及的斯芬克斯狮身人面雕像，罗马的图拉真凯旋柱等一大批珍贵的文物古迹正遭受酸雨的侵蚀，有的已损坏严重。降落到建筑物表面的酸雨跟碳酸钙发生反应，生成能溶于水的硫酸钙，被雨水冲刷掉。这种过程可以进行到很深的部位，造成建筑物石料的成层剥落。酸雨还直接危害电线、铁轨、桥梁和房屋等。

5.对人体健康的影响

酸雨可以对人体产生直接影响，它会刺激皮肤，引起哮喘等多种呼吸道疾病。其次，酸雨还对人体健康产生间接影响。酸雨使土壤中的有害金属被冲刷带入河流、湖泊，一方面使饮用水水源被污染；另一方面，这些有毒的重金属会在粮食和鱼类机体中沉积，人类因食用而受害。据报道，很多国家或地区由于酸雨影响，地下水中铝、铜、锌、镉的浓度已上升到正常值的10~100倍。

第四节 能源开发利用与PM2.5

一、PM2.5的概述

PM2.5是指空气动力学当量直径≤2.5μm的气溶胶粒子，其不仅对人体健康及环境有很大的危害，而且是引起城市大气能见度降低的重要原因，因而成为近年来环境领域研究的热点。世界各地学者进行了大量颗粒物对于人体健康影响的研究，这些研究揭示了长期或短期暴露于大气颗粒物与多种健康指标之间的联系。目前国外对此已经展开了深入的研究，并在此基础上建立了完善的监测网络，实时监控其变化趋势。近几年随着空气污染问题的日益严重，国内也越来越重视，并取得了一定的成果。

大气颗粒物的来源很复杂。地球表面土壤和岩石的风化，海洋表面由于海水泡珠飞溅而形成的海盆粒子，植物真菌，自然火灾（包括火山爆发、农田及森林火灾）和人类的燃烧活动，工厂排放的气体以及发生化学反应而产生的液态或固态粒子等都是颗粒物的贡献源。颗粒物的来源既有天然的污染来源，也有人为产生的颗粒物，既有一次生成的颗粒物，也有上述过程中产生的气体经过太阳光辐照或其他化学反应生成的新的颗粒物。随着城市建设和工业的不断发展，汽车数量的不断增多，人类的各种活动越来越占主导地位，人为来源所占的比例将逐年增加。综合起来其来源主要可分为：自然源和人为源。

自然源主要包括：土壤风沙尘、海盐粒子、植物花粉、孢子和细菌等。另外，自然界的自然灾害如火山喷发、森林大火、裸露的煤源大火等也向大气中输送了大量的细粒子。生物排放也有上述过程中产生的气体经过太阳光辐照或其他化学反应生成的新的颗粒物。

人为源主要包括：工矿业生产过程中、机动车及人们烹饪过程中产生的烟尘等。工矿企业所产生的烟尘，若不经过除尘脱硫等措施直接排放的话，会产生大量的细粒子，城市颗粒物主要集中在较小粒径，观测主要集中在来源和分布特征等。城市大气中来源可能有家庭取暖、烹饪、交通、工厂、电厂、生物源以及前体物的二次转化等。大气中细颗粒物和超细颗粒物来源既有交通排放，也有固定源的贡献。调查显示，机动车是城市大气中细颗粒物和超细颗粒物最主要的排放源，柴油发动车排放的细颗粒物粒径范围主要集中在$10 \sim 30 \mu m$的粒径段，汽油车排放的颗粒物粒径主要分布在$10 \sim 30 \mu m$之间。

二、PM2.5 的危害

由细颗粒物造成的灰霾天气对人体健康的危害甚至要比沙尘暴更大。粒径在$10 \mu m$以上的颗粒物，会被挡在人的鼻子外面；粒径在$2.5 \sim 10 \mu m$之间的颗粒物，能够进入上呼吸道，但部分可通过痰液等排出体外，另外也会被鼻腔内部的绒毛阻挡，对人体健康危害相对较小；而粒径在$2.5 \mu m$以下的细颗粒物，直径相当于人类头发的1/10大小，不易被阻挡。被吸入人体后会直接进入支气管，干扰肺部的气体交换，引发包括哮喘、支气管炎和心血管病等方面的疾病。研究表明PM2.5的主要危害为对人体健康的影响、对能见度的影响，此外，对水循环和气候也有一定影响。

（一）对人体健康的影响

颗粒物进入人体，能引起人体多种疾病。颗粒物粒径决定了人体受危害的程度，世界各地学者进行了大量颗粒物对于人体健康影响的研究。这些研究揭示了长期或短期暴露于大气颗粒物与多种健康指标，如就诊率、呼吸系统发病率、肺活量加速、病症加剧和死亡率等之间的联系。颗粒物浓度的增加，导致支气管炎患病率显著上升，成年人与儿童的肺功能显著降低。

（二）对能见度的影响

能见度指视力正常的人在当前天气条件下，能在如天空或地面的背景中识别出一定大小目标物的最大距离。大量研究表明，城市能见度的降低是由PM2.5颗粒物和NO_2气体对来自物体的光信号的散射和吸收造成的。大气能见度的降低是人们感受最直观的一种大气污染所造成的环境影响。化学成分影响着颗粒物的散射系统，目前国外对于颗粒物对于颗粒物光学性质的研究主要集中在颗粒物的化学成分方面。

三、PM2.5 的常见污染特征及其测定

喷涂，油漆，石化产品，橡胶制品和其他产生挥发性有机污染物的公司是城市工业生产的主体。在工业生产过程中会将PM2.5所代表的颗粒污染物释放到城市中。随着城市化的发展，城市中的车辆数量正在迅速增加。汽车尾气中含有各种易于扩散的固体悬浮颗粒，且固体颗粒具有很强的吸附能力。根据当前世界上恶劣的大气环境，我们经常可以做出真实和恶劣的环境假设。由于环境污染，地球上经常发生强烈的逆向天气。强烈的逆转伴随着浓雾，而PM2.5造成的颗粒物污染又扩散到空气中，加剧了空气的污染。由于中国北方的特殊天气条件，北京和其他地区在冬季需要统一供暖，而中国最初使用的是煤供暖，因此应予以禁止。逐步将当地的煤炭转化为对空气的影响要小得多的电能。PM2.5颗粒小，重量轻，漂浮在人们每天呼吸的空气中，即使戴着口罩之类的防护措施，也会摄入PM2.5污染物。迅速蔓延和广泛分布是公民担心的主要原因。为了更好地了解我们所处的大气环境，我们需要监视大气中PM2.5的浓度。

四、能源开采中 PM2.5 的防治措施

（一）公司管理

淘汰了锅炉燃烧，废气和废水直接倾倒等过时的生产方法，加强了公司对绿色工艺的参与，并将公司投入使用清洁能源为基本原料，按照保护部门的要求，我们将鼓励更多的绿色制造商上市，并深化供方改革，以减少煤炭等传统低能耗材料的库存和使用。对于顽固的制造商而言，违反相关污染控制措施和规定的制造商不会服从命令并盲目行事，冒险作业的管理者被发现后将受到严惩。确保污染防治措施稳定有序，应合理利用现代开发和开采的清洁能源。不要将野外的运营开发与科学研究分开，协调环境保护与生产之间的关系，深化绿色保护改革体系，实现真正的高效率、高品质和高水平的生产。

（二）设置严格的标准

每个国家都需要根据自身情况建立相对独立的PM2.5检测系统。就发展中国家和发达国家而言，城市是关注的焦点。对城市车辆制定严格的标准，老式高排放车辆不应投放市场。建议制造商出售新的绿色能源汽车。旅游胜地还要求游客制定禁烟令，以保护自然景观和防止污染。根据数据，吸烟产生的有害物质也可以使空气中PM2.5的含量增加到1%，虽然只是1%，但是预防问题的发生是我们每个文明公民的基本要求。在某些工业城市，应有相关的明确规定，可能造成严重污染的建设项目应减少其冬季活动的范围。冬季长期运行会导致损坏，因为冬季高压和低温会导致工程气体容易产生有害气体，也会给它所在的城市带来了难以弥散的雾气。同时，PM2.5的含量应会飙升。

（三）提高公民素质

空气污染与个人利益紧密相关，应加强宣传力度，提高民众的环保意识，增加公开演讲，贯彻"绿水青山就是金山银山"的环保理念。受过良好教育的公民应该知道，保护绿色环境是当今新社会的长期解决方案。现在不要贪图赚钱，破坏人类赖以生存的家园。

（四）将工业减排、汽车减排以及建筑减排联合使用

尽可能降低能源的消耗量。对于煤炭以及石油等一类消耗量较大的能源，尤其要控制消耗量，实现能源利用效率的显著提高，尽可能保证煤炭以及石油等燃料的绿色化、清洁化使用。通过建设总量较多的整体煤气化联合循环形式的发电设备，实现重质油以及煤炭的脱硫处理，实现燃烧工艺的优化和改进；通过对清洁能源的合理利用，实现能源结构的优化和调整；通过对风能、天然气以及太阳能、生物能等新型能源的合理化使用，满足能源利用的环保性和绿色性要求。我国的天然气开发和利用是一项极为正确的选择。水能和电能的开发因为受到不同要素的制约，发展空间并不具有广阔性的特点，如果利用不合理，很可能会对环境造成影响。对于核电的使用存在着极大的风险性，安全隐患严重。

风电以及太阳能发电受到季节以及地理位置的制约，发电并不满足连续性和稳定性的要求，同时，发电中的资金投入量较大，面临着并网的问题。我国能源

资源的现状为：天然气资源相对较多，比较丰富，普通的气田气、非常规的页岩气都具有较大的储量，同时，煤层气、沼气等资源也都相对丰富。在美国，很多火力发电厂都采用页岩气，不仅实现了能源的高效率利用，而且改善了环境。我国页岩气的总量与美国相比并不少，但是现阶段并没有进行有效的开发和使用。开发工作存在较多的困难和障碍，需要采用合理的技术措施来改变这一现状。要认真监督与管理，避免事故性排放以及无组织排放。对汽车的污染状况进行合理控制，新上市的汽车要严格市场的准入制度，使其排放标准提高。燃油的品质提高，在市场上进行性能节能型汽车以及新能源汽车的大力推广。

（五）多种污染物治理相结合

第一，全面削减与大气复合污染有关的一次污染源（如机动车、燃煤、生物质燃烧）排放，推广除尘、脱硫、脱硝、脱汞一体化综合治理技术；第二，加强对二次转化前体污染物（如SO_2、NH_3）的控制，实施二氧化硫、氮氧化物、颗粒物、挥发性有机物等多污染物协同减排。PM2.5化学组成及来源分析表明，二次粒子对PM2.5的贡献比例高达30%～60%。因此，需要控制前体物，特别是要全面削减危害物排放。这有助于降低大气氧化性及遏制大气复合污染的恶化趋势，降低大气臭氧浓度水平，减少颗粒物二次源的强度。

（六）地区之间相结合

由于PM2.5的漂浮性，各行政区独立治理的可能性已不存在。经分析可以推断出，北京的灰霾很大程度上与周边省市的大气环境污染有关。奥运会、世博会和亚运会空气质量保障的成功经验表明，对于区域大气污染问题，必须加强联防联控机制，提高联防联控能力，区域内各行政辖区协同控制。可以在京津冀、长三角、珠三角、中原、成渝等跨省区域建立区域内联防联控联席组织，实施区域污染源统一监管，同时建立环境信息共享机制、重大项目环境影响评价会商机制、区域污染预警应急机制等。

（七）政府与社会相结合

政府的努力应集中在与治理PM2.5污染相关的立法、执法、制度、政策、规划、标准、宣传、带动、引导、监督、考核、奖惩等工作上。中央政府应把对

PM2.5的治理力度和业绩作为考核各级政府的一项否决性指标，推动和指导各地政府加大节能环保技术改造力度。地方政府应善于将一些治理PM2.5污染的短期措施落实为长期措施；大城市的政府应按减少交通量的思路修改完善城市建设发展规划，比如加强周边教育、医疗、购物等配套设施，减少市民出行时间和距离，以减少污染物的排放。

第四章 地热能开发与利用技术

第一节 我国地热资源的分布

一、高温地热资源分布

地热能是地球内部储存的热能，它包括地球深层由地球本身放射性元素衰变产生的热能及地球浅层由于接收太阳能而产生的热能。前者以地下热水和水蒸气的形式出现，温度较高，主要用于发电、供暖等生产生活目的，其技术已基本成熟。欧美国家有很多用于发电，我国则多用来直接供热，这种地热能品位较高，但受地理环境及开采技术与成本的影响因而受限较大；后者由太阳能转换而来，蕴藏在地球表面浅层的土壤中，温度较低，但开采成本和技术相对也低，且不受地理环境的影响，特别适合于建筑物的供暖与制冷。

在地壳中有三个地热带，即可变温度带、常温带和增温带。可变温度带由于受太阳辐射的影响，其温度有昼夜、年份、世纪、甚至更长周期的变化，其厚度一般为15～20m；常温带，其温度变化幅度很小，深度一般在20～30m处；增温带，在常温带以下，温度随深度增加而升高，其热量的主要来源是地球内部的热能。

浅层地热能是指地表以下一定深度范围内（一般为常温带至200m深），温度低于25℃，在当前技术经济条件下具备开发利用价值的地球内部的热能资源。它不是传统概念的深层地热，是地热可再生能源家族中的新成员，它不属于地心热的范畴，是太阳能的另一种表现形式，广泛地存在于大地表层中。它既可恢复又可再生，是取之不尽用之不竭的低温能源。在近地表面的常温带以下，深度每增加1km，地下温度增加为25～30℃/km（全球平均值），常温带以下的热能就不属于浅层地能了。

我国高温地热资源主要分布在西藏南部、四川西部、云南西部及台湾地区。这是由于上述地区地热地质的特殊条件所形成的。我国地处欧亚板块的东部，为印度板块、太平洋板块和菲律宾海板块所夹持。新生代以来，我国西南侧和东侧发生了重大的构造——热事件。在西南侧，由于印度板块与欧亚板块的碰撞，形成藏南地区聚敛型大陆边缘活动带；在东侧，由于欧亚板块与菲律宾海板块的碰撞，形成台湾中央山脉两侧的碰撞边界。上述板块边界及其邻近地区的特性虽有差异，但均为当今世界上构造活动最强烈的地区，并共同呈现高热流异常和具有产生强烈水热活动和孕育高温水热系统之特点。我国高温资源的分布即为上述区域性构造活动的产物。

（一）喜马拉雅地热带

该带位于喜马拉雅山脉主脊以北和冈底斯——念青唐古拉山系以南的区域，向东延伸到横断山区经川西甘孜后转折向南，涵盖滇西腾冲和三江（怒江、澜沧江和金沙江）流域地区。该带西端经巴基斯坦、印度以及土耳其境内有关高温水热地区后与地中海地热带衔接。该带东南端越出我国国境进入泰国北部清迈附近高温水热区，并向南到印度尼西亚与环太平洋地热带相接。由此可见，喜马拉雅地热带是绵延上万千米的地中海地热带的重要组成部分。

著名的雅鲁藏布江深大断裂带，为大陆板块碰撞的接合带，也称为地缝合线。这条长达2000km的缝合线南部，有我国最新的蛇绿岩带（年龄1200万年），说明已深达上地幔。据推断，从白垩纪开始至始新世，印度板块北移和欧亚板块的地壳开始接触并全面碰撞，引起了上部地壳中大规模断裂作用和岩浆作用，形成地壳重熔区。岩石圈的现代断裂作用和褶皱作用及其伴随的岩浆活动和地壳重融，为喜马拉雅地热带提供了强大的热源和良好的通道，使它成为我国大陆最为强烈的地热活动带。

（二）台湾地热带

台湾地热带位于太平洋板块和欧亚板块的边界，属环太平洋地热带的一部分，但不具有该地热带的典型意义。在著名的台湾大纵谷深断裂带内，蛇绿岩带发育，说明断裂已深入上地幔。岛上地壳运动活跃，第四纪火山活动强烈，地震频繁，是我国东南部海岛地热活动最强烈的一个带。

（三）东南沿海地热带

该地热带主要包括福建、广东、海南、浙江以及江西和湖南的一部分，已有大量地热水被发现，其分布受北东向断裂构造的控制，一般为中低温地热水，福州市区的地热水温度可达90℃。

（四）鲁皖鄂断裂地热带

该地热带也称鲁皖庐江断裂地热带，自山东招远向西南延伸，贯穿皖、鄂边境，直达汉江盆地，包括湖北英山和应城。这条地壳断裂带很深，至今还有活动，也是一条地震带。

这里蕴藏的主要是低温地热资源，除招远的地热水可达90℃～100℃外，其余一般均为50℃～70℃。初步分析该断裂的深部有较高温度的地热水存在。

（五）川滇青新地热带

这一地热带主要分布在昆明到康定一线的南北向狭长地带，经河西走廊延进入青海和新疆境内，延伸到准噶尔盆地、柴达木盆地、吐鲁番盆地和塔里木盆地。该地热带以低温热水型资源为主。

（六）祁吕弧形地热带

这一地热带包括热河一带山地、吕梁山、汾渭谷地、秦岭及祁连山等地，甚至向东北延伸到辽南一带，有的是近代地震活动带，有的是历史性温泉出露地，主要地热资源为低温热水。

（七）松辽及其他地热带

松辽盆地跨越吉林、黑龙江大部分地区和辽河流域。整个东北大平原属新生代沉积盆地，沉积厚度不大，一般不超过1000m，主要为中生代白垩纪碎屑岩热储，盆地基底多为燕山期花岗岩，有裂隙地热形成，温度为40℃～80℃。此外，还有一些像广西南宁盆地那样的孤立地热区。

二、低温地热资源分布

我国低温地热资源广泛分布于板块内部大陆构造隆起区和大陆构造沉降区。

（一）板内构造隆起区

隆起区有不同地质时期形成的断裂带，已经多期活动，有的在近期活动仍比较强烈，它们多数能够成为地下水运移和上升的良好通道。大气降水渗入地壳深处，经过深循环在正常地温梯度下受热增温，常常在相对低洼的场所，包括山前或山间盆地、滨海盆地以及深深的河谷、沟谷底部沿着活动性断裂涌流于地表形成温泉。根据地壳隆起区温泉的密集程度，目前划分出两个低温地热带。

1.东南沿海地热带

该地热带位于太平洋板块与欧亚板块交接带以西，中国大陆的内侧，包括濒临东海和南海的福建、广东及海南，是我国大陆东部地区温泉分布最密集的地带。温泉水温一般均在40℃～80℃之间，其中以广东阳江新州温泉为本带水温之最，高达97℃，接近当地高程的沸点。东南沿海地热带没有现代火山作用，但自新生代以来地壳运动活跃，深大断裂发育，致使该带出露的水热区有三大特点：其一，按地热田的结构可分为两类，一类是以福建福州、漳州以及广东潮安东山湖热田为代表，有厚数十米第四纪地层覆盖在热田的热储之上，或形成盖层，或形成浅部热水储。热田为花岗岩热储，钻井深度100～500m的井口水温要比地表温泉水高出20℃～40℃。另一类为没有盖层的热田，这种开放型的水热系统，数量众多。井口水温与泉口水温比较相差无几，井口仅高出0.5℃～2℃。其二，在正常或略为偏高的地热背景条件下，由于地下水的深循环而获取到热量，在适当的地质构造部位和地貌条件下，热水沿断裂上升至浅部或出露于地表形成温泉，其温度的高低主要取决于地下水的循环深度。本带的循环深度在3.5～4km以内，推算地下热储的基准温度≤140℃，属板内型中低温水热系统，其中绝大部分为低温水热系统。其三，热田面积狭小。该地热带是我国大陆东部地区地热直接利用潜力最大的地区。

2.胶辽半岛地热带

该地热带包括胶东半岛和辽东半岛及沿郯庐大断裂中段两侧的地区，出露温泉共有46处，这里新构造运动活跃，地震频繁。本带多为低温水热系统，只有4个中温水热系统，即辽宁鞍山的汤冈子——西荒地、盖平的熊岳、山东招远的汤东和即墨温泉区。井口的最高温度为98℃。

（二）大陆构造沉降区

大陆构造沉降区系是地表无地热显示的赋存于我国广泛发育的中、新生代沉积盆地中的地下热水资源区。我国大陆中新生代盆地有319个，总面积417万平方千米，其中大型盆地（面积大于10万平方千米）有9个，中型（1万～10万平方千米）盆地39个，其余多为小型山间盆地，约占陆地总面积的42%。按我国板块构造的演化历史，结合板块构造活动性质，可将我国中、新生代沉积盆地划分为三种基本成因类型：裂谷型盆地，我国东部的华北盆地、松辽盆地、江汉盆地、渭河盆地和雷琼盆地等均属此类；造山型，我国西北的塔里木盆地、准噶尔盆地、吐鲁番—哈密盆地以及柴达木盆地均属此类；克拉通型，我国中部的鄂尔多斯盆地和四川盆地等属此类。上述盆地已经被证实有开发利用的热水资源。这一类型的热水资源的赋存和分布有以下一些特点：

1.大型盆地有利于热水资源的形成与赋存

大型盆地沉积层巨厚，其中既有大量由粗屑物质组成的高孔隙度和高渗透性的储集层，又具有大量由细粒物质组成的隔层，同时还具备有利于热水聚存的水动力环境。此外，大型盆地有足够的空间规模，使水动力环境能呈现出分带的特点，外环带为径流积极交替带，内带为径流缓滞带。径流到盆地的地下水，首先经过的是外环带，外环带一般地处盆地边缘的较高地形，进到内带后转为较长距离的水平运移，这就为地下水创造了能充分吸取围岩热量的环境。与此相对应的规模较小的盆地，特别是狭窄的山间盆地，则不具备上述的水动力环境，而是处于地下水的相互交替过程中，形成以低温为主的地下水流。即使在一定的深度内，地热水温也不会很高。

2.热背景值高低决定盆地赋存热水温度的高低

热背景值的高低主要指大地热流值的高低。大地热流是沉积盆地储层的供热源，从这个意义上讲，区域地热背景值对于盆地热水聚存有其重要的作用。通过目前全国大地热流值测定数据显示，我国的东部、中部和西北部的沉积盆地背景值虽然不完全一样，但差异甚小，而且均在地热正常区范畴之内。这就预示着在一定的深度范围内，不可能有高温地热资源的形成，而只能是小于90℃的低温热水，也许会有少部分超过90℃中温热水存在。然而，我国东部热背景值略高于中部和西北部，仍导致东部的热水资源优于中部和西北的事实。不言而喻，处于较高热背景值（包括较高地温梯度和较高热流值）之下，达到热水资源温度界限的起始深度较浅，1000m以深的水温较高。比如，同以中朝陆台为基底的华北盆地与鄂尔多斯盆地相比较，华北盆地每百米的平均地温梯度为3.6℃，达到热水温度下限25℃的起始深度约在320m，而鄂尔多斯盆地地温梯度较低，只有每百米2.6℃，如果要达到同样的热水温度界限，其深度却要到660m，在深度上两者相差甚大；同在1000m以深的温度上前者为51℃，后者为36℃，也相差明显。

3.热水储层发育和沉积建造岩相特征密切相关

热水储层的发育，一般指其是否有良好的渗透性和孔隙度。是否具备良好的渗透性和孔腺度的储层，要取决于盆地沉积建造岩相的特征。若盆地中堆积或沉积形成致密层就不可能成为良好的热水储层。反之，如果能够形成一定厚度，且岩性较粗，或在结构上呈现砂岩与泥质岩层互层，这样的沉积建造，就可成为良好的热水储层。我国的华北盆地、江汉盆地、苏北盆地的上第三系就属这种良好的热储层。该套地层厚度分别在数百米至2000m，此储层之上被厚度数百米的第四系地层所覆盖。又如柴达木盆地，在渐新世至上新世时期的凹陷发展阶段，堆积了一层相当厚的河湖相碎屑岩。在盆地中心，拗陷持续至第四纪，第四系为厚的盐湖建造，因此这里要赋存低盐度热水的可能性就甚小。

4.部分盆地深部基岩热储系统发育

通过地球物理勘探发现，并证实某些盆地在沉积盖层之下的深部基岩热储系统发育。华北盆地最典型，盆地的基岩热储为中、上元古界和下古生界的碳酸盐岩地层组成，在隐伏的基岩隆起带构成良好的热水田，诸如天津地热田、北京地热田、河北牛驼镇地热田等。为此，对某些未曾开发的沉积盆地，可以从已知的基岩热储发育和形成的特点，来推测在地处同一陆台之上发育起来的另一些盆地中理应也有深部基岩热储的可能。一是这些古老台块广泛发育有古生界或中、上元古界碳酸盐岩建造；二是这些台块在碳酸盐岩建造之后，曾经历过一次或多次的地壳隆升和构造变动，致使上述地层遭受风化剥蚀和喀斯特化作用，构成裂隙喀斯特化碳酸盐岩层；三是基岩储层之上被中、新生代厚层沉积物覆盖，起到储热和保温作用。对裂谷型盆地，如果其基岩隆起幅度与上覆盖层厚度具备理想的条件，则盖层的地温梯度会高于正常梯度，可以形成局部地段的地温异常，很可能成为开发盆地热水的优选区。

我国大陆构造沉降区虽然具备赋存中、低温热水资源的地质条件，但由于各个地区沉积盆地的地质条件和地质环境的不同，热水资源开发潜力各有差异。从目前对全国中新生代沉积盆地的勘探和研究以及得到开发的部分盆地热水资源证实，我国东部大中盆地的热水资源赋存和开采条件较优，中部次之，西北部由于受勘探与开发力度的制约，更次之。

三、我国地热能形成的成因

（一）现（近）代火山型

现（近）代火山型地热资源主要分布在台湾北部大屯火山区和云南西部腾冲火山区。腾冲火山高温地热区是印度板块与欧亚板块碰撞的产物。台湾大屯火山高温地热区属于太平洋岛弧之一环，是欧亚板块与菲律宾小板块碰撞的产物。在台湾已探到293℃高温地热流体，并在靖水建有装机3MW地热试验电站。

（二）岩浆型

在现代大陆板块碰撞边界附近，埋藏在地表以下6～10km，隐伏着众多的高温岩浆，成为高温地热资源的热源。如在我国西藏南部高温地热田，均沿雅鲁藏布江即欧亚板块与印度板块的碰撞边界出露，是这种地热能生成模式的较典型的代表。

（三）断裂型

主要分布在板块内侧基岩隆起区或远离板块边界由断裂形成的断层谷地，山间盆地，如辽宁、山东、山西、陕西以及福建、广东等。这类地热资源的生成和分布主要是受活动性的断裂构造控制，热田面积一般为几平方千米。热储温度以中温为主，个别也有高温。单个地热田热能潜力不大，但点多面广。

（四）断陷、凹陷盆地型

主要分布在板块内部巨型断陷、凹陷盆地之内，如华北盆地、松辽盆地、江汉盆地等。地热资源主要受盆地内部断块凸起或褶皱隆起控制，该类地热源的热储层具有多层性、面状分布的特点，单个地热田的面积较大，达几十平方千米，甚至几百平方千米，地热资源潜力大，有很高的开发价值。

四、地热勘查的方法

在地热能源的开发过程中，首先要对地质情况进行有效的勘察，而且勘察的工作量也是比较大的，但是每个环节的勘察工作都是不容忽视的。同时我们还要根据地质结构的不同选择适当的勘察方法，从而保障整个地热勘察工作能够顺利开展。为了有效控制勘察成本，我们尽量选择最为经济相对简便的勘测技术，同时还要保障勘测方法的合理性和科学性，让勘测效率和勘测质量都有所提高。一般情况下，地热能源的勘察工作首先要保障相关勘测资料的准确性和完整性，另外还要对勘测到的地热能源进行有效的试验检测，确保整个地热能源在后期使用的安全性和有效性。下面我们主要详细地分析了常见的几种地热勘察方法。

（一）收集相关地热勘测的资料

通常在施工之前需要做一系列准备工作，资料的收集工作是不可忽视的，其中包含了地质情况的资料和以前地质勘查的资料等。我们不仅要收集整理好这些资料，还要对这些资料进行有效的分析和总结。对以前容易出现问题的地方进行有效的预防，避免有类似的问题再次发生，为后期勘查工作的开展奠定坚实的基础。

（二）地质情况的测量

通常在测量地质情况的时候，我们需要对相关的地质调查资料进行有效的分析和总结，全面的了解地质结构的实际情况，同时能够对地热田的岩浆活动情况和岩石的特性进行有效的勘探。比如在四川盆地中层状热储勘查，是地热田的地质勘查的主要工作。通常我们应该选择1：100000到1：25000的地质测量图件比例尺，选用1∶50000到1∶25000的地热田图件。

（三）开展地球化学调查工作

在地热能源勘察过程中，对地球化学的调查是不可忽视的重要环节。我们在选择样品的时候要具有一定代表性的热能水源，然后对其进行有效的试验研究，从而保障整个地热能源优良的质量。除此之外，我们要计算出试验样品的温度，以此来估算出地下热储的温度。同时我们还要推断出同位素以及一些放射性的化学元素，明确地热流体之间的关系及地热能源的形成。因此，我们要特别注意调查比例要与地质测量的比例相同，能够有效避免在实际勘测中出现的误差。

（四）对地球进行物理调查

在地热能源勘察过程中，对地球进行化学勘察是非常重要的，对其进行物理调查也是必需的。我们首先要从最基层的调查环节中进行，能够有效勘测到地热能源的分布范围，并且如果有异常的地方能明确地指示出来。然后在开展地球物理调查工作的时候，要对地热田的基地的空间状态进行仔细的分析和明确，比如说在松辽盆地的主要以热储为主，相关的施工人员通过物理勘测，对断裂的位置和状态都有明确的掌握，充分体现出勘测的准确性。最后我们还要保障比例尺与地面测绘比例相同，并且对勘测的过程进行详细的记录，对勘测的结果进行有效的总结，便于为后期地热勘测提供一定的便利。

第二节　我国地热资源的类型

一、地热资源的存在形态

（一）热水型

热水型地热资源是存在于地热区的水从周围储热岩体中获得热量形成的，包括热水及湿蒸汽。

地壳深层的静压力很大，水的沸点很高。即使温度高达300℃，水也仍然呈液态。高温热水若上升，会因压力减小而沸腾，产生饱和蒸汽，开采或自然喷发时往往连水带汽一同喷出，这就是所谓的"湿蒸汽"。

热水型地热资源，按温度可分为高温（高于150℃）、中温（90℃～150℃）和低温（90℃以下）三类。高温型一般有强烈的地表热显示，如高温间歇喷泉、沸泉、沸泥塘、喷气孔等。我国藏、滇一带的地热资源具有这种特点。个别地区的地热资源温度可高达422℃，例如意大利的那不勒斯地热田。

这种地热资源很常见（例如天然温泉），储量丰富，分布广泛，主要存在于火山活动地区和沉积盆地。开发比较便利，用途也多。

地热水中常含有大量的二氧化碳（CO_2）及一定数量的硫化氢（H_2S）等不凝性气体。此外，还会有0.1%～40%不等的盐分，如氯化钠、碳酸钠、硫酸钠、碳酸钙等，这类含盐的地热水具有一定的医疗作用。但在利用地热水时，要考虑不凝性气体和盐分对热利用设备的影响。

（二）干蒸汽型

干蒸汽型地热资源是存在于地下的高温蒸汽。在含有高温饱和蒸汽而又封闭良好的地层，当热水排放量大于补给量的时候，就会因缺乏液态水分而形成"干蒸汽"。地热蒸汽的温度一般在200℃以上。干蒸汽几乎不含液态水分，但可能掺杂有少量的其他气体。

这类地热资源的形成需要特殊的地质条件，因而资源储量少，只占全部地热资源的0.5%左右，而且地区局限性大，比较罕见，目前仅在少数几个国家发现。

干蒸汽对汽轮机腐蚀较轻，可以直接进入汽轮机，而且效果理想。因此，这类地热资源的利用价值最高，很适合用于汽轮机发电。现有的地热电站中有3/4属于这种类型，如世界著名的美国加利福尼亚州的盖瑟斯地热电站，意大利的拉德瑞罗地热电站。

（三）地压型

地压型地热资源，主要是以高压水的形式储存于地表以下2～3km深处的可渗透多孔沉积岩中，往往被不透水的岩石盖层所封闭，形成长达上千千米、宽几百千米的巨型热水体，因而承受很高的压力，一般可达几十兆帕。温度为150℃～260℃。

地压水除了具有高压、高温的特点之外，还溶有大量的甲烷等碳氢化合物，每立方米地压水中的含气量可达1.5～6m^3（标准状态）。因此，地压型资源中的能量，包括机械能（高压）、热能（高温）和化学能（天然气）三个部分，而且在很大程度上以天然气的价值为主。

地压型资源是在钻探石油时发现的，往往可以和油气资源同时开发。开采时需要注意对周围环境和地质条件的潜在影响。

（四）干热岩型

地壳深处的岩石层温度很高，储存着大量的热能。由于岩石中没有传热的流体介质，也不存在流体进入的通道，因而被称为"干热岩"。在国外多称之为热干岩。

现阶段，干热岩型地热资源主要指埋藏深度较浅、温度较高的有开发经济价值的热岩石。埋藏深度为2～12km，温度远远高于100℃，多为200℃～650℃。

干热岩地热资源十分丰富，比上述三类地热资源大得多，是未来人们开发地热资源的重点目标。提取干热岩中的热量需要有特殊的办法，技术难度较大。一般要在岩层中建立合适的渗透通道，使地表的冷水与之形成一个封闭的热交换系统，通过被加热的流体将地热能带到地面，再与地面的转换装置连接而加以利用。渗透通道的形成，可以通过爆破碎裂法或者凿井。

使热流体在干热岩中循环，然后从干热岩取热是一种对环境十分安全的做法。它既不会污染地下水或地表水，也不会排出对环境有害的气体和固体尘埃。已有试验验证过这种技术思路的可行性。

（五）岩浆型

在地层深处呈黏性半熔融状态或完全熔融状态的高温熔岩中，蕴藏着巨大的能量。岩浆型地热资源约占地热资源总量的40%，其温度为600℃～1500℃。大多埋藏在目前钻探还比较困难的地层中。在一些多火山地区，这类资源可以在地表以下较浅的地层中找到，有时火山喷发还会把这种熔岩喷射到地面上。

当熔岩上升到可开采的深度（<20km）时，可用于和载热流体进行热交换。可以考虑在火山区域钻出几千米的深孔，并抽取熔岩。

耐高温（1000℃）、耐高压（400MPa）且抗强腐蚀性的材料比较难找，而且人类对高温高压熔岩的运动规律还了解很少，目前还没有可行的技术对岩浆型地热资源进行开发。目前人类开发利用的地热资源，主要是地热蒸汽和地热水两大类，已经有很多的实际应用。干热岩和地压两大类资源尚处于试验阶段，开发利用很少，不过干热岩地热资源储量巨大，未来可能有大规模发展的潜力。目前岩浆型资源的应用还处于课题研究阶段。

二、地热田

从几千米的地层深处打井取热，在技术上和经济上都不划算，最好在地壳表层或浅层寻找"地热异常区"。那里地热资源埋藏较浅，若有良好的地质构造和水文地质条件，就能够形成富集热水或蒸汽的地热田。

地热田就是在目前技术经济条件下，具有开采价值的地热资源集中分布的地区。目前可开发的地热田主要是热水田和蒸汽田。

（一）热水田

热水田提供的地热资源主要是液态的热水。沿着岩石缝隙向深处渗透的地下水，不断吸收周围岩石的热量。越到深处，水温越高。特定的地质构造使水层上部的温度不超过那里气压下的沸点。被加热的深层地下水体积膨胀，压力增大，沿着其他的岩石缝隙向地表流动，成为浅埋藏的地下热水，一旦流出地面，就成为温泉。这种深循环型的热水田是最常见的情况。

此外还有一些特殊热源形成的热水田。例如地层深处的高温灼热岩浆沿着断裂带上升时，若压力不足以形成火山喷发，就会停留在上升途中，构成岩浆侵入体，把渗透到地下的冷水加热到较高的温度。

热水田比较普遍，开发也较多，既可直接用于供暖和工农业生产，也可用于地热发电。

（二）蒸汽田

蒸汽田的地热资源包括水蒸气和高温热水。能够形成蒸汽田的地质结构，一般是周围的岩层透水性和导热性很差，而且没有裂隙，储水层长期受热，从而聚集大量蒸汽和热水，被不渗透的岩层紧紧包围。上部为蒸汽，压力大于地表的气压；下部为液态热水，静压力大于蒸汽压力。

如果喷出的是纯蒸汽，就称为干蒸汽田。喷出的是蒸汽与热水的混合物，就称为湿蒸汽田。干、湿蒸汽田的地质条件类似，有时，一个地热田在某个时期喷出干蒸汽，而在另一个时期又喷出湿蒸汽。

一些干蒸汽田，蒸汽的温度最高可达300℃以上。目前，蒸汽田开发不如热水田广泛。实际上，蒸汽田的利用价值更高，当然难度也比较大。地热资源的开发潜力主要体现在地热田的规模大小。而地热资源温度的高低是影响其开发利用价值的最重要因素。

地热资源按温度分为高温（>150℃）、中温（90℃~150℃）、低温（<90℃）三级，按地热田规模分为大型（>50MW）、中型（10~50MW）、小型（<10MW）三类。

由于地质条件所导致的地球化学作用的影响，不同地热田的热水和蒸汽的化学成分各不相同。

第三节 中深层地热勘探开发技术

一、中深层地热开发技术

地热能主要指的是可以利用的地球内部地热流体。随着社会经济迅速发展，现阶段我国能源短缺问题日益凸显，通过对地热能进行循环利用，可以避免能源应用产生环境污染问题，同时可以为我国社会经济未来可持续发展起到促进作用。经过多年发展，我国地热能开发利用规模逐渐扩大，开发利用技术水平也在逐渐提升，如地热直接发电项目、生活热水供应项目、集中供暖项目、温泉洗浴项目中，此技术均具有重要应用价值。

中深层地热能主要指的是地下200～2000m地层蕴含热能，受多种因素影响，不同地区地热能分布呈差异化特点，只有做好中深层地热勘探工作，才能明确具体分布情况，为后期开发利用奠定基础。

（一）热能钻井技术

地热能钻井不仅是为了利用钻井达目的层地热的开发，更是为了降低油气井的成本。地热能源的短期效益低于油气井，而油井的热采成本是完井成本的一半。地热井钻的钻井成本甚至高于石油，这主要是由于高温和高直径的石油造成的。因此，经济是地热井的主要指标。废水钻井成本的降低主要是通过优化钻井过程和降低井下的复杂性来实现的。由于储层损坏，气体基钻井液是最好的解决方案，但其适用性有限。因此，高温水基钻井液的开发对于地热和低温烃的开发至关重要。井壁的稳定性和漏失也是地热井的重点关注问题。

（二）回灌地热技术

地热产业发展面临的最大技术挑战是回灌技术。地球虽然拥有丰富的地热资源，但这一过程不应过于随意，通常必须适当利用地热剩余物，以提高地热资源的利用效率。另一方面，它减少了污水造成的污染。地热回灌是指：扩大地热储备达到体积；保持热点周围的地质和水文特征，延长地热田的寿命；防止废气污染、水污染和土壤污染。地热回灌由灌量、灌溉压力（水位）、温度和水质四个要素组成。回灌设施的实施有三种方法：使用同井分层进行回灌适用于地热井两层以上热水层，包括其中一个热层是生产层，另一个是回灌层，因此可以同时在结构中进行热回灌。对井回灌，建议在合理距离内建造几口地热井，其中一口井是生产井，另一口是回灌。如有必要，这两个需要更换角色。如果生产层和灌层相同，则结构之间的距离必须足够大，以避免对热影响。群井回灌生产性，选用合理的地热地点集中回灌，由于回灌量可能很高，应注意回灌量如何与收集量相匹配。梯级利用地热能技术。地热能源最直接的用途是利用地热水热能。

目前，地热能源使用最多的技术是地热能源。但是，地热能源只使用5%至20%的热能，80%以上的热能则很难被利用。剩余的热量通常被排入废水中，直接排放到自然环境中，或再回灌到地下，造成资源浪费直接排放也可能造成热污染，损害植被、生命和土壤，并产生不利影响。使用地热能刻度是指在不同的温度水平（从高到低）下使用热水。梯级的最佳利用是首级，即收集高温热水用于发电；三级是次级采热后形成的略高温度的热水，可用于畜牧业、农业和温泉洗浴。使用上述刻度后，末端的尾水温度一般可降至约20℃。这有助于最大限度地利用地热资源，同时最大限度地减少对自然环境的热污染风险。

这表明了利用地热能尺度技术促进地热能产业发展的重要性。通过设计地热能尺度的整个使用过程，充分利用地热能的潜力。地热比旧的地热能源更节能，最大限度地利用地下热能水的热能。

（三）除垢地热井技术

由于地下高度矿化的环境，各种类型的管道沉积很常见，对地热能源的开发构成了严重威胁，研究疏浚技术也很重要。根据研究和分析，造成这种现象的原因是：地表水压力很大，温度下降，气体、液体和固体相之间的初始平衡破裂、$Ca(HCO_3)_2$在水中分解，CO_2从水中溢出并产生$CaCO_3$结垢。最有效的除垢方法是石灰—纯碱法和蓄热井下工艺。

1.石灰—纯碱法

使用化学沉淀原理，根据溶解剂原理，使用硬度等，在适当药剂作用下形成和处置不溶性化合物的过程。石灰—纯碱法可以降低地面热水的临时和永久硬度。具体反应步骤如下：将生石灰溶解于加药池水中，制成石灰乳，即氢氧化钙$Ca(OH)_2$，然后将其与纯硫和混凝剂一起注入机械搅拌反应池，去除临时硬度pH值较高时，反应产物$MgCO_3$迅速水解成$Mg(OH)_2$，钙和镁离子形成的固体物质在自然沉积过程中起到调节作用，特别是$CaCO_3$的絮凝作用。受到絮凝反应的水流入倾斜的沉淀池，然后流入中间盆地。下沉后，水进入车间原有的铁质滤清器，去除水中的铁质锰，同时降低浊度。

2.地下储热层控制技术

根据水质和关于高热量和低热量水库的具体信息，建议在井高钙水储层井段增加一个井管封，以阻断过滤水管的位置，确保低硬度热水合理利用。目前，这种建筑技术在我国是可行的。这种方法可以完全消除污染源。但为了判断井的结构变化，确保水量和温度不会下降，也存在一定的风险。

二、开发对策

（一）建立综合能源开发系统

为了地热能深度勘探，企业应改进开发技术。根据社会发展的需要，促进创新、分享、应用绿色和开放的思想，并加强政府对工作项目的关注和积极参与。明确采矿权问题，促进继续改进地热能源的利用。促进加强政府补贴政策，制定相关政策，积极促进企业技术发展，提高对发展热能利用重要性的认识，促进工业健康发展。

（二）促进石油企业的发展

就石油企业而言，地热能源不仅在勘探、开发、储存等领域具有一定的发展传统工业的经验，以及交通运输。因此，为了促进地热勘探和开发技术的有效应用，有必要改变石油公司的钻探技术和相应的油气井，并改进注水技术，避免液体泄漏，加强分段压裂技术的应用，提高地热开发应用的有效性。

（三）加强能源领域的发展和研究

在促进工业建设和发展的框架内，应特别注意地热能源的理论知识研究。在具体的工作过程中，我们可以借鉴美国的发展经验。美国在开发岩石和天然气方面取得了积极成果，而我们对开发中深地热能源的研究仍处于初期阶段，需要加大工业研究力度，以确保今后的工业发展。

（四）地热资源开发利用发展趋势

1.强化前期勘查工作

加强前期地质论证工作，提高钻井成功率。采用多种物探方法进行综合勘查，确定探采结合的地热井井位。实践表明，只有在多收集、多分析资料的基础上，通过地质填图与多种物探手段相结合，才能有效提高地热钻井的成功率。

2.创建开发采模式

在开采应用过程中，为了能够避免在开采地热资源时出现地热水污染的情况，应该应用科学合理的开采模式，针对不同热储层进行分别论述，制定不同区域适宜的开采热储层位，并做好相应的监测工作。杜绝开采井对不同热储层进行混采，防止造成水污染或因地层压力的不同导致水温下降等。另外，还要控制好地热井之间的距离，在开采前要做好论证，避免开采过度出现局部地质灾害情况的发生。还可以使用梯级、综合利用的新技术，提升地热资源的利用率，如果开采的地热资源是用来进行地热采暖的，那么就一定要使用回灌的开采模式。

第四节　地热利用

一、我国地热资源潜力与开发利用

（一）我国地热资源的潜力

我国作为一个地大物博的资源大国，在地热能资源的拥有量上占有较大优势的。地热能资源一般位于大陆板块的交界处，或者位于地壳的薄弱处和地下活动频繁的地方，比如说活火山（活火山的地热能属于高温地热能）。我国复杂多样化的地形决定了我国拥有着数量不菲的地热能资源，其中中温地热能和低温地热能分布在我国中部，而高温地热能资源主要分布于南方和西部。沙漠其实也可以作为地热能的一种形式，因为沙子吸收阳光可以看作类似于太阳能板的作用，将太阳的能力以热能存在沙子里。地热资源还可以是类似于温泉的地下水产生地热能，亦可以粗略归入"地热能资源"的范围。

（二）我国现今条件下对地热能的利用

目前我国已经发现两处具有高温地热能的地热田，分别为西藏羊八井和羊易地热田。其他则主要为中低温地热能的地热田，其利用价值相对较低。地热资源的主要利用方向则可以地区来区分：东南沿海地区主要用地热能来养殖牲畜家禽等；西部地区主要用地热能来进行旅游产业的开发；北方地区的地热能资源则主要被用来进行休闲和游玩。在利用地热能资源进行发电，则因效率不高，得不到大力发展。

（三）利用热泵技术进行对地热资源的开发

热泵技术的原理是通过高低位能，使热量从低位热源向高位热源传递，并通过热力循环，将热能从高温物体传递给低温物体。根据热源形式不同，我们可以将热泵分为：水源热泵、地源热泵和空气源热泵。其中，我国对地源热泵的应用正在逐年增加。地源热能为：利用地下水或者土壤的低位热能和其储热性能，将其用于家庭日常取暖或者制冷等。我国合理地、大规模地应用地源热能，使得每年因为能源消耗造成的二氧化碳排放量直接减少了近500吨。

（四）地热资源与油田的开发利用

油区的开发利用和地热资源的开发利用的关系主要为积盆地型的油气田与地热资源可以共同开发。换句话说，在油气田生产中，可以同时地、便捷地获取相关的地热资源的信息，且获取的数据更加详细全面，使地热开发作业可以节省大量的成本。那些失去开采价值或者剩余价值不高的油气钻井，都可以直接作为地热井进行使用，从而充分发挥其作用。由于一些油气田已经进入了开采后期，其油田含水量已超80%，温度可超过40℃，所以这些地区具有较大利用价值的地热资源。目前，我国利用开采后的油田而开发的地热资源，主要应用在输油伴热、生活供暖或植物培养等方面。

地热能是新能源家族中的重要成员之一。它是一种相对清洁的、环保友好的绿色能源，其资源具有多功能性。地热能和矿物燃料的区别在于不用燃料。开发潜力较大的地热田一般出现在偏远的山区，它的可输送性比较低。输送高温热水极限距离大约在100km以内，天然蒸汽的输送距离约在10km以内，因此一般把地热能就地转变成电能，通过电网远距离输送。第一地热发电装机容量可大可小，可用率达90%以上，运行成本低。第二是中低温地热资源可直接向生产工艺供热。如蒸煮纸浆、蒸发海水制盐、海水淡化；各类原材料和产品烘干、食品和食糖精制、石油精炼、重水生产、制冷和空调等。第三是向生活设施供热。如地热采暖以及地热温室种植等。第四是农业用热。如土壤加温以及利用某些热水灌溉使作物早熟和用其肥效等。第五是提取某些地热流体或热卤水中的矿物原料。第六是医疗保健。这是人类最古老也是一直沿用至今的医疗方法。

二、地热发电

地热发电的基本原理与常规的火力发电是相似的，都是用高温高压的蒸汽驱动汽轮机（将热能转变为机械能），带动发电机发电。不同的是，火电厂是利用煤炭、石油、天然气等化石燃料燃烧时所产生的热量，在锅炉中把水加热成高温高压蒸汽。而地热发电不需要消耗燃料，而是直接利用地热蒸汽或利用由地热能加热其他工作流体所产生的蒸汽。地热发电的过程，就是先把地热能转变为机械能，再把机械能转变为电能的过程。要利用地下热能，首先需要有"载热体"把地下的热能带到地面上来。目前能够被地热电站利用的载热体，主要是地下的天然蒸汽和热水。地热发电的流体性质，与常规的火力发电也有所差别。火电厂所用的工作流体是纯水蒸气，而地热发电所用的工作流体要么是地热蒸汽（含有硫化氢、氢气等气态杂质，这些物质通常是不允许排放到大气中的），要么是低沸点的液体工质（如异丁烷、氟利昂）经地热加热后所形成的蒸汽（一般也不能直接排放）。

此外，地热电站的蒸汽温度要比火电厂锅炉出来的蒸汽温度低得多，因而地热蒸汽经涡轮机的转换效率较低，一般只有10%左右（火电厂涡轮机的能量转换效率一般为35%~40%）。也就是说，3倍的地热蒸汽流才能产生与火电厂的蒸汽流对等的能量输出。因而地热发电的整体热效率低，对于不同类型的地热资源和汽轮发电机组，地热发电的热转换效率一般为5%~20%，说明地热资源提供的大部分热量都白白地浪费掉了，没有变成电能。

地热发电一般要求地热流体的温度在150℃甚至200℃以上，这时具有相对较高的热转换效率，发电成本较低，经济性较好。在缺乏高温地热资源的地区，中低温（例如100℃以下）的地热水也可以用来发电，只是经济性较差。由于地热能源温度和压力低，地热发电一般采用低参数小容量机组。经过发电利用的地热流都将重新被注入地下，这样做既能保持地下水位不变，还可以在后续的循环中再从地下取回更多的热量。

由于地热流体类型、温度、压力和焓的不同，地热发电方式也不一样。目前开发的地热资源主要是蒸汽型和热水型两类，因此，地热发电也分为两大类。

（一）地热蒸汽发电

地热蒸汽发电有一次蒸汽法和二次蒸汽法两种。一次蒸汽法直接利用地下的干饱和（或稍具过热度）蒸汽，或者利用从汽、水混合物中分离出来的蒸汽发电。二次蒸汽法有两种含义：一种是不直接利用比较脏的天然蒸汽（一次蒸汽），而是让它通过换热器汽化洁净水，再利用洁净蒸汽（二次蒸汽）发电。这样可以避免天然蒸汽对汽轮机的腐蚀和结垢及对环境的污染。

（二）地热水发电

利用地下热水发电就不像利用地热蒸汽那么方便，因为用蒸汽发电时，蒸汽本身既是载热体，又是工作流体。但地热水中的水，按常规发电方法是不能直接送入汽轮机做功的，必须以蒸汽状态输入汽轮机做功。目前对温度低于100℃的非饱和态地下热水发电，有两种方法：一种是减压扩容法。利用抽真空装置，使进入扩容器的地下热水减压汽化，产生低于当地大气压力的扩容蒸汽，然后将汽和水分离、排水、输汽充入汽轮机做功，这种系统称"闪蒸系统"。低压蒸汽的比容很大，因而使汽轮机的单机容量受到很大的限制。这种方法发电还存在结垢问题。不过减压扩容方式发电，虽然发电机组容量小，但运行过程比较安全，所以至今我国仍保留下来两个小发电站，单机容量仅300KW。另一种是利用低沸点物质，如氯乙烷、正丁烷、异丁烷和氟利昂等作为发电的中间工质，地下热水通过换热器加热，使低沸点物质迅速气化，利用所产生气体进入发电机做功，做功后的工质从汽轮机排入凝汽器，并在其中经冷却系统降温，又重新凝结成液态工质后再循环使用。这种方法称"中间工质法"，这种系统称"双流系统"或"双工质发电系统"。

这种联合循环地热发电系统的最大优点是，可以适用于大于150℃的高温地热流体（包括热卤水）发电，经过一次发电后的流体，在并不低于120℃的工况下，再进入双工质发电系统，进行二次做功，这就充分利用了地热流体的热能，既能提高发电的效率，又能将以往经过一次发电后的排放尾水进行再利用，大大地节约了资源。从生产井到发电最后回灌到热储，整个过程是在全封闭系统中运行的。因此，即使是矿化度甚高的热卤水也照常可用来发电，不存在对生态环境的污染。同时由于是封闭系统，电厂厂房上空见不到团团白色气雾的笼罩，也闻不到刺鼻的硫化氢气味，是百分之百环保型地热电站。由于发电后的流体全部回灌到热储层，无疑又起到节约资源延长热田寿命的作用，达到可持续利用之目的，所以它又属节能型地热电站。

（三）地热发电现状

1.地热发电热源的制约

地热发电和火力发电基本原理是一致的。前者是从地下通过钻井传输到地面的地热流体，参数越高，带动发电机容量就大，就越能多发电；后者是燃煤锅炉来加温，锅炉里温度越高，蒸汽越足，气压越大，带动的发电机越大，就能多发电。因此，发电的热源是个关键。目前在我国大陆的地热勘探过程中，尚未找到与浅成年轻的酸性侵入体有关的地热系统。相反，当今世界各国凡是进行商业性地热发电所用的热源，几乎都与浅成年轻酸性侵入体有关，而且热储均属于高孔隙率、高渗透率这类地质条件的水热系统。菲律宾、印度尼西亚等国的地热发电均为此类热源。这种尚未冷凝的岩浆囊体，只有受控于特定的地质构造条件才有可能出露，诸如在聚敛板块边缘、大洋中脊、大陆裂谷和板块内的热点等，其组分属酸性或中酸性。

2.地热资源地理分布的制约

地热能最大特点之一就是它的出露地理位置受全球区域地质构造的影响，资源分布具有一定的地域性。它不同于可以远程运输的化石能源，只能就近开发，通过发电装置把地热能转换为电能后才可利用，所以在一定程度上制约了地热发电的发展。在我国这种制约更为明显。因为藏滇高温地热带所出露的位置均在藏南、川西和滇西，这一地区地处高海拔深山峡谷，不仅人烟稀少交通不便，而且属于经济落后的偏远山区，电力负荷小而且分散，大电网又难以覆盖，独立电网主要靠小水电、太阳能和风力发电。上述地区虽然地热资源丰富，但也是全国水力、风能和太阳能资源富集区。相比之下，目前的地热发电未能显示出它与上述新能源相竞争的优势。

3.地热勘探高风险的制约

目前，我国对高温裂隙型热储的钻探资料分析表明，深部热储与地质构造密切相关，而且十分复杂。除目前羊八井地热发电利用的是浅层层状热储外，西藏羊八井北区、羊易热田、朗久热田以及云南的腾冲热海热田、洱源中街—三营热田的高温地热钻井资料显示，均属垂向热储（基岩裂隙或破碎带）。这类热储勘查难度大、钻探风险高、成井率低、耗资大。这就极大限制了我国高温地热发电事业的发展。

4.国家现存体制的制约

地热不同于其他新能源，在开发前期必须投入大量的资金用于资源的勘探，然后才能决定是否进入勘查阶段。国家也未曾及时出台以市场机制为基础的激励政策，缺少保障合理开发和有效利用的法规以及综合规划和相关部门间的协调机制，缺少支持与鼓励私有、合资、外企独资来投资的优惠政策，诸如电力上网、电价、税收等一系列的问题。从当今世界各国的新能源和可再生能源发展历程显示，政策制定是推动其发展的巨大动力。如果不能及时出台为促进地热能发展需求的有关政策与法规，将有可能会在一定阶段内制约其发展的进程。

5.地热发电经济性的制约

地热发电只需采用比常规火力发电低得多的气压和气温。由于低压低温不利于高效率发电，可能会让人觉得地热发电的成本相当高，但是地热能与烧燃料产生的蒸汽热能相比，成本是很低的，因为地热能的廉价，完全抵消了低压低温蒸汽参数的不足，保证了地热发电的低成本。

（四）地热发电技术的发电方式

对温度不同的地热资源，有四种基本地热发电方式，即直接蒸汽发电法、扩容（闪蒸式）发电法、中间介质（双循环式）发电法和全流循环式发电法。

1.直接蒸汽发电法

直接蒸汽发电站主要用于高温蒸汽热田。高温蒸汽首先经过净化分离器，脱除井下带来的各种杂质后推动汽轮机做功，并使发电机发电。所用发电设备基本上同常规火电设备一样。

2.扩容（闪蒸式）发电法

扩容法是目前地热发电最常用的方法。扩容法是采用降压扩容的方法从地热水中产生蒸汽。当地热水的压力降到低于它的温度所对应的饱和压力时，地热水就会沸腾，一部分地热水将转换成蒸汽，直到温度下降到等于该压力下所对应的饱和温度时为止。这个过程进行得很迅速，所以又形象地称为闪蒸过程。

3.中间介质（双循环式）发电法

中间介质法，又叫双循环法，一般应用于中温地热水，其特点是采用一种低沸点的流体，如正丁烷、异丁烷、氯乙烷、氨和二氧化碳等作为循环工质。由于这些工质多半是易燃易爆的物质，必须形成封闭的循环，以免泄漏到周围的环境中去。所以有时也称为封闭式循环系统。在这种发电方式中，地热水仅作为热源使用，本身并不直接参与到热力循环中去。

4.全流循环式发电法

全流循环式发电法是针对汽水混合型热水而提出的一种新颖的热力循环系

统。核心技术是地热水进入全流膨胀机进行绝热膨胀，膨胀结束后汽水混合流体进入冷凝器冷凝成水，然后再由水泵将其抽出冷凝器而完成整个热力循环。

三、地热直接利用

地热发电固然是开发地热能的重要方面，但是地热的非电利用也是极其广泛和重要的。一方面是具有一定发电规模的电厂，所需要的地热能必须要求是高热含量的，这类资源的分布只局限于地球的某些特定地区。但相对于高温资源，则地球上的中低温资源分布却要广泛得多。另一方面，直接利用能更充分地发挥地下热能，它无须把热能转换成机械功，仅是要求热量的交换。加之地热资源具有多功能性，它既是能源资源、矿产资源，又是水资源、旅游资源。既可用于工业、农业，也可用于日常生活中采暖、医疗和旅游。关键取决于地热流体的温度水平。不同温度区位直接应用的领域按温位高低顺序列下：

180℃高浓度溶液的脱水、氨吸收式制冷、纸浆蒸煮；170℃通过硫化氢过程生产重水、硅藻土干燥；160℃鱼类食品干燥、圆木干燥；150℃地热发电低限，拜尔法过程生产铝矾土（氧化铝）；140℃高速干燥农产品、食品罐头制造；130℃食糖精炼中的脱水、用蒸发和结晶法提取盐类；120℃蒸馏生产淡水、用蒸发法和结晶法提取盐类；110℃用于轻型水泥制板的养护和干燥；100℃有机物质、海草、牧草以及蔬菜等干燥，羊毛的洗涤和干燥；90℃储存鱼的干燥、强化融冰融雪；80℃建筑群冬季采暖、农作物种植温室采暖、牛奶消毒；70℃制冷的温度下限、甜菜糖提取；60℃动物饲养房舍采暖、温室空间和地下的增温；50℃种植蘑菇、矿泉疗养；40℃土壤加温；30℃游泳池、生物作用退化、发酵作用以及供寒带区全年采矿用温水，防冻；20℃养鱼、水浮莲养殖。

我国北方城市冬季取暖仍以煤为主要能源，其燃烧产生的二氧化碳、粉尘等对空气、环境造成的污染日趋严重，成为困扰城市居民的一大问题。使用地热采吸系统则可直接传递热量，绝不会对空气造成污染。尤其是在改造传统设备的基础上，通过热交换器，地热水无须直接进入采暖管道，只留干净的水在管道中循环，基本解决了腐蚀、结垢的问题。不仅如此，其经济效益也十分明显。采用地热供暖，其费用只是采用燃油气锅炉的10%，燃煤锅炉的20%。因此，大力提倡与推广地热供暖，将会对环保事业做出重要的贡献。

（一）地热供暖系统

1.地热供暖系统的组成

地热供暖就是以一个或多个地热井的热水为热源向建筑群供暖。在供暖的同时满足生活热水以及工业生产用热的要求。根据热水的温度和开采情况，可以附加其他调峰系统（如传统的锅炉和热泵等）。地热供暖系统主要由三个部分组成：

第一部分为地热水的开采系统，包括地热开采井和回灌井，调峰站以及井口换热器；第二部分为输送、分配系统，它是将地热水或被地热加热的水引入建筑物；第三部分包括中心泵站和室内装置，将地热水输送到中心泵站的换热器或直接进入每个建筑中的散热器，必要时还可设蓄热水箱，以调节负荷的变化。

（1）单管系统，即直接供暖系统，水泵直接将地热水送入用户，然后从建筑物排出或者回灌。直接供暖系统投资少，但对水质的要求高。直接供暖的地热水水质要求固溶体小于300×10^{-6}，不凝气体小于1×10^{-6}，而且管道和散热器系统不能用铜合金材料，以免被腐蚀。目前我国的地热采暖系统大多是利用原有的室内采暖设备，循环后水温大约降低$10℃ \sim 15℃$后排放。

（2）双管系统，利用井口换热器将地热水与循环管路分开。这种方式就是常见的间接供暖方式，可避免地热水的腐蚀作用。

（3）混合系统，采用地热热泵或调峰锅炉将上述两种方式组成为一种混合方式。

2.地热供暖的优点

（1）充分合理地利用资源。用低于90℃的低温地热水代替具有高品位能的化学燃料供热，可大大减少能量的损失。

（2）地热供暖可改善城市大气环境质量，提高人民的生活质量。因为我国大城市大气污染中，由燃料燃烧所造成的污染占60%以上，而地热供暖可大大改善这种现状。

（3）地热供暖的时间可以延长，同时可全年提供生活用热水。

（4）开发周期短，见效快。在地热供暖取代传统锅炉时，北方地区只能满足基本负荷的要求，当负荷处于高峰期时，需要采取调峰措施，增加辅助热源（锅炉、热泵）。其次，合理控制地热供暖尾水的排放温度，大力提倡地热能的梯级利用。

（二）地热在工业方面的利用

除了地热供热以外，直接利用还有三大重要领域，即工业、农业和旅游。工业应用高温热水和蒸汽为多，而农业可能全部用其热水，旅游业应用地热资源的多功能性则十分显著。工农业方面的利用虽然取得一定的成效，而且未来发展的潜力也十分令人鼓舞，但从目前各国应用的范围规模与其本土地热资源的真正潜力相比，仍有较大的差距。也就是说，离地热的梯级开发综合利用，并能形成一定规模和产业，还有一定的距离。这种差距很大程度上是由于地热流体不能远距离输送所致，因此，它比电能的应用范围就小了很多。

地热能在工业领域里的用处很多。它可以用于能够想象得到的任何一种形式的烘干和蒸馏过程，它可以用于简单的工艺供热制冷，或者用于各种采矿和原材料处理工业的加温。在某些情况下，地热流体本身也是一种有用的原料，某些热水含有各种盐类和其他有价值的化学物质，天然蒸汽则可能含有具有工业用途的不凝气体等。其主要应用领域有造纸和木材加工，纺织、印染、螺丝的应用和其他轻工业工艺过程中应用。

（三）地热在农业方面的利用

地热也广泛用于农业。主要用在地热温室种植和水产养殖两大领域。各个国家在利用地热能培育优良品种、优化产品质量、提高产品数量、发展农牧副渔业方面上是十分重视的。地热温室所需只是低温热资源，水温可低到60℃，很少超过90℃。在温室应用的同时，室外土壤加温需要的水温不超过40℃，甚至最低的初温也能用。养殖所需水温可以更低些。

地热温室以地热能和太阳能作为热源，因而生产成本低，在各种能源温室中占据十分有利的地位。温室栽培已经成为调节产期，减少污染，净化环境，为人们生产各种优质农产品的重要途径。目前大多数地热温棚选用塑料或玻璃作为覆盖物，以最少的成本覆盖最大限度的地面，获得最大量的日射率，并在结构上坚固方便，这是不同类型温室发展的基本准则。现在大多数采用塑料覆盖物，主要有以下四种类型：

1.屋脊大棚

椽子是木料的，上面覆盖软质薄膜，在薄膜上面采用压条，然后用钉子将压条固定在椽子上，使薄膜不易游动，抗风性能好且操作简单。特别是在强风地区或积雪地区多采用这种大棚。屋脊大棚有连栋和单栋两种。

2.拱圆形大棚

大棚骨架构造以钢架为主，大多使用角钢，间距为1.8~2.0m，屋顶为拱圆形，这样可以减少风的阻力和薄膜的抖动。檩条使用圆竹或方木，近年随着新材料的出现，尽量使用铁丝筋的聚氟乙烯塑料或用玻璃钢杆，力求延长使用年限。这种大棚很多是连栋的，适宜种植黄瓜、番茄、茄子、青椒、芹菜等。这种形式的大棚在日本得到广泛应用。

3.大型塑料棚

为了棚顶具有稍缓的斜坡，温棚中腰呈拱圆状略有突出，两侧外张，对风的阻力有所减小。其结构的主要部分采用钢材，其他部件利用竹片、竹竿等。为了提高种植面积，减少棚内中柱，一般跨度为10m以上，甚至达到18m。这种大型塑料棚的最小面积约1000m^2。

为了能够全年使用，必须有能耐夏季高温的通风换气系统，也有冬季保持室内正常温度的采暖系统。利用地热采暖，不仅能使温度保持稳定，并且节约燃料。

4.管架大棚

这种大棚用弯曲后的直管，从左右两边向中央连接而形成骨架，组装和拆卸都很简单。但只适合于冬季不需要加温或微加温，以及植株低矮的作物，如草莓等。这种塑料棚一般为单栋结构，但也有跨度较大的连棚形式。在我国北方有地热资源的地区，大多数温棚利用地热采暖，以保持冬季作物正常生长所需温度。

（四）地热在医疗保健和旅游方面的利用

世界上多数有温泉出露的地方，既是医疗保健区又是旅游休闲区。一是因温泉出露的地理位置所决定。伴随有温泉的地方多在山间河谷地段，这里常常是有山有水，青山翠谷，鸟语花香，自然景色优美。二是温泉本身具有特殊的化学成分、气体成分、少量的生物活性离子以及少量的放射性物质，个别高温矿泉附近还沉积有矿泥，它足以构成地热医疗保健资源。所以温泉区是具有医疗保健特色的休闲区。三是温泉以及与它伴生的地热显示，甚至与地热利用相关的工程、建筑物等，诸如地热电站、地热蒸汽井等景观均为珍贵的旅游资源。四是温泉的出露常常与大地构造运动、火山、地震密切相关，而且还能通过温泉来传递地下深处的地质信息，所以它又是科学考察、研究和科学旅游的重要基地。上述四点就足以吸引成千上万的游人相约于温泉，了解温泉、享受温泉、爱护温泉。

地热水富含硼、硅、锶、氟、锂、碘等多种矿物质，有一定的医疗保健、养生作用，适用于循环机能不全的疾病医疗。经常用热矿水进行洗浴，对心血管硬化、坐骨神经痛、慢性风湿性关节炎、湿疹、牛皮癣、慢性胃炎及慢性支气管炎等病有一定疗效。长期洗浴，可改善人体环境、增强体质、延缓衰老、有益健康。热矿水入室，无疑会大大提高居民的生活质量。

矿泉的生理作用概括起来可归纳为非特异作用和特异性作用两类。

1.矿泉的非特异作用

（1）温度的刺激作用可分为温热、不感温、凉冷作用。

（2）泉水的浮力作用：人在水中失去的重量约等于体重的9/10。浮力是人体和同体积水之间发生的重量差，故人在水中重量变轻，运动变得容易，有利于运动障碍病人的肢体活动。

（3）静水压力的作用：人在盆浴中静水压力为 $40 \sim 60g/cm^3$，在水中站立时，两足周围的水压可达 $100 \sim 150g/cm^2$。

水可压迫胸、腹、四肢，使呼气易，吸气难，加强了呼吸运动和气体代谢，又压迫体表血管及淋巴管，使体液易回流，引起人体内血液进行再分配。

（4）动水压力的作用：水流冲击人体时，皮肤、肌肉受到机械刺激，即使在静水状态，人在水中运动时也受到机械的刺激。此作用可提高血液及淋巴循环，增强温热作用的循环改善。

2.矿泉的特异性作用

特异性作用是指矿泉中所含各种化学成分的作用，可通过以下四种形式作用于人体：

（1）对皮肤表面的刺激作用：矿泉的成分极为复杂，给予人体的影响是综合性的，但每种矿泉都因所含特殊成分的不同，而具有其特异性。如碳酸泉的碳酸气可使皮肤表面的毛细血管扩张，碳酸氢钠能软化皮肤角质层，并清洁皮肤产生清凉感。在矿泉浴时通过皮肤进入体内物质的数量，决定于矿泉水的温度、pH值、固体成分的含量、洗浴时间的长短等，同时人体本身的因素也很重要。通过皮肤所吸收矿物成分，不仅在入浴时，而且在浴后仍可对人体继续起作用，因为在皮肤或皮下停滞的矿物成分可渐渐通过血液及淋巴循环而送至全身。

（2）饮用矿泉水最能充分利用矿泉的各种有益成分，包括水的渗透压、pH、温度等。饮泉疗法适应胃肠疾病，饮用不同类型的矿泉水，就有不同的医疗作用。目前主要是含硫酸盐、硫化氢、铁、碳酸、氢等矿物成分的矿泉水。

（3）吸入矿泉水，是将含特殊气体成分的热矿泉水喷成细雾状，经呼吸道吸入体内，通过黏膜进入循环系统作用于机体，对黏膜的血液循环、营养、腺体活动及全身都会有良好作用。吸入法常用的矿泉有重碳酸盐泉、氯化物泉、氡泉、硫化氢泉等，主要适应证是：上呼吸道炎症、慢性支气管炎、哮喘、肺炎后遗症、代谢病、尘肺等。

（五）地热直接利用的现状

1.中低温地热资源丰富

我国地热是以中低温资源为主，有两种类型：一类为埋藏在沉积盆地里的地下热水，即传导型地热资源，如华北、松辽、鄂尔多斯、四川盆地等，其分布面积广、储量大、易开采。另一类则为直接出露地表或在地下做深循环的对流型地热资源。前者即为日常所见的温泉，而后者一般为埋藏在基岩裂隙—孔隙介质中的地热水。它多分布在福建、广东、海南等东南沿海诸省以及江西、湖南一带。目前资料显示，全国各省市自治区几乎都相继钻取到了地下热水，而且很多省区资源储量还很丰富。

2.具有广阔的发展空间

自改革开放以来，随着我国人民生活质量的不断提高和环境保护意识的增强，尤其在人口密集的大、中城市，人们对地热供热、保健、疗养、旅游等方面的需求更为迫切，这是全国地热市场日益兴旺的根本。

（六）地热能源利用的发展战略

地热能源利用必须走可持续的发展道路，使其既能满足当代人的需求，又不会对后代天的需求构成危害。

1.资源开发与保护并重

地热资源的开采是有限量的。若长期超负荷开采，必然会导致资源供需不平衡，从而产生多方面开发效应，诸如资源参数下降，地面沉降等现象，直接或间接地影响热利用效率，并会出现安全隐患，因此地热资源的保护至关重要。地热回灌是资源保护的有效措施，它可延长热田的寿命，防止地面沉降。因此对地热资源必须采取开发与保护并重方针，才能保证可持续发展的需要。

2.资源开发与环境保护并重

地热流体温度高，成分复杂，其中相当多的组分超过一定浓度或积累的含量时，对大气环境、水环境及土壤环境会造成污染，如不加以控制，必将对人类和生物造成严重危害。因此一些开发历史较早的国家已注意到在开发利用地热资源的同时，积极开展环境监测与保护的研究，并提出相应措施来解决环境污染问题。这是地热可持续发展的重要保证。

3.科技进步

中国地热事业发展，已取得很大成绩，但距高国际先进水平仍有不少差距。表现在：热储研究不足，地热利用率较低，设备使用寿命短，环境保护与科学管理较差，发展也很不平衡。为此，必须促进科学技术进步来保证地热的可持续发展。

4.管理科学化

缺乏科学管理是中国发展地热存在的一个比较普遍的问题。地热资源的合理开发、地热井的凿井申请与审批、地热工程项目的可行性论证与技术要求、地热开发的动态监测、热储模拟与回灌，以及地热开发利用的环境保护等都需要有科学的管理。这是保证地热可持续发展的另一重要环节。

5.地热产业化、规模化

实现地热产业化、规模化才能最大限度地促进科技进步，利用最新技术促进产品优化，降低设备投资，提高地热利用经济性，实现地热产业化、规模化。还可促进地热勘察——开发——保护——设备制造和供应体系的形成，并建立和完善生产运行和服务体系，逐步形成全国性的比较规范的信息网络体系。这对地热可持续发展将有重大促进作用。

参考文献

[1]胡荣桂，刘康.环境生态学（第二版）[M].武汉：华中科技大学出版社，2018.

[2]舒展.环境生态学[M].哈尔滨：东北林业大学出版社，2017.

[3]杨波.水环境水资源保护及水污染治理技术研究[M].北京：中国大地出版社，2019.

[4]李玉超.水污染治理及其生态修复技术研究[M].青岛：中国海洋大学出版社，2019.

[5]杨俊.中国能源开发利用的升级创新机制研究[M].北京：科学出版社，2020.

[6]李长胜.能源环境学[M].太原：山西经济出版社，2016.

[7]何建坤，周剑，欧训民等.能源革命与低碳发展[M].北京：中国环境科学出版社，2018.

[8]（爱尔兰）布莱恩·诺顿著；饶政华，刘刚，廖胜明等译.太阳能热利用[M].北京：机械工业出版社，2018.

[9]郭明晶.中国地热资源开发利用的技术、经济与环境评价[M].武汉：中国地质大学出版社，2016.

[10]窦斌，田红，郑君.地热工程学[M].武汉：中国地质大学出版社，2020.